이 책을 향한 찬사

이 세상에 나무처럼 정직한 생명은 없다. 심고 가꾸면 어김없이 크고 아낌없이 준다. 작은 씨앗에서 죽은 나무가 되는 순간에 이르기까지 더글러스퍼 삶의 대장정을 함께하다 보면 한 나무의 장엄한 생애와 그 곁에서 이뤄지는 숲과 그 속에 사는 다양한 생물의 변화에 깊은 감명을 받는다. 아울러 식물의 분류, 발생, 생리, 유전, 생태에 관한 폭넓은 지식을 얻는다. 그래서 서구에서는 이 책을 종종 대학 부교재로 채택한다. 데이비드 스즈키의 책은 언제나 '따뜻한 박식함'으로 가득 차 있다. 무언가 배운다는 걸 모르며 알고 깨닫는 게 최선의 배움이다. 이 책을 읽고 숲을 걸으면 나무 한 그루 한 그루가 달리 보일 것이다.

— 최재천(이화여대 에코과학부 석좌교수·생명다양성재단 이사장)

배울 것이 많으면서도 사랑스럽고, 완전한 모든 것이 담겨 있으면서도 간결하다. 온 생명만큼이나 거대한 책이다!

— 데이비드 쾀멘(세계적 생태 저술가·『도도의 노래』저자)

이 책은 한 그루 나무를 향한 애정 어린 시선이자 자연이 가진 순환의 힘에 대한 명백한 증언이다.

—『퍼블리셔스위클리Publishers Weekly』

나무의 삶 모든 순간을 역사적 흐름뿐 아니라 생태학적 맥락으로도 이야기한다. 나무가 열다섯 살이 된 중세 말기, 독일의 금속 활자 발명가 쿠텐베르그와 그의 인쇄술을 논하는 식이다. 이렇게 역사와 자연사, 생물학이 유쾌한 조화를 이루고 멋진 삽화까지 더해져 모든 생명의 상호연결성에 대해 교훈적이면서도 우아한 시선을 담아냈다!

—「**북리스트**Booklist」

『나무: 삶과 죽음의 이야기』를 반드시 읽어보라! 경이로우면서 매력적이고 경외심을 느낄 것이다. 흔히 자연에 대한 글을 읽을 때 마주하는 왠지 모를 어려움 대신 말이다. 두 저자는 우리에게 딱 필요한 이야기를 펼쳐낸다.

—「**글로브 앤드 메일**Globe and Mail」

이 책을 적극 추천한다. 자연의 경이로움과 그 안의 구성원들이 서로 얼마나 완벽하게 교류하고 또 의존하는지를 노래하는 찬가다.

—「**사이언스북 앤드 필름**Science Books&Films」

과학을 다룬 글 중 최고봉이다!

—「**벤쿠버선**Vancouver Sun」

나무:
삶과 죽음의 이야기

모든 존재의 유의미함,
무해함 그리고 삶에 관하여

나무:
삶과 죽음의 이야기

데이비드 스즈키 · 웨인 그레이디 지음
로버트 베이트먼 그림
이한중 옮김

Tree
A Life Story

일러두기

- ✣본문의 각주는 옮긴이 주다.
- ✣식물의 학명은 대괄호((예) 더글러스퍼[*Pseudotsuga menziesii*])로 표기하였다.
- ✣본문에서 언급되는 도서 중 한국어판으로 출간된 도서는 출간명을 기재하였으며 국내 미출간작은 원서명을 직역하고 원문을 병기하였다.

엘렌 애덤스에게 이 책을 바친다. 처음 만났을 때 브리티시컬럼비아대학 동물학과 대학원생이었던 그는 똑똑하고 쾌활했으며 동물학 분야 이상을 넘어선 호기심을 가지고 있었다. 안타깝게도 너무 이른 나이에 세상을 떠났다. 넉넉한 마음을 지닌 그는 데이비드 스즈키 재단의 일을 늘 지지해줬으며 이 책이 세상에 나올 수 있도록 도와주었다.

—데이비드 스즈키

추천의 글

영혼을 간직한 나무, 마음을 훔치는 이야기

이 책을 쓴 작가는 나의 소울메이트다. 단순히 나무에 관한 책을 써서가 아니라 나무에 대해 '쓰는 방식' 때문에 그렇다. 이 책에 담긴 이야기의 주인공을 고를 때 더글러스퍼Douglas-fir[1]가 아닌 다른 존재를 떠올릴 수 있을까? 수 세기 동안 단 한 곳에 뿌리내리고 살아온 이 존재가 펼치는 연기는 너무나도 느려서 몇 년이 흘러도 변화라는 것이 거의 없다. 마치 단조로움을 의인화한다면 그와

---

1 주로 북미 서해안 일대에서 100여 미터 높이까지 자라는 소나무과 나무.

같달까? 그러나 이 책의 작가는 놀라운 마술을 부려 주인공의 생을 씨앗에서부터 고목이 되기까지 저속촬영한 영화처럼 보여준다. 이렇게 시간을 압축해보니 더글러스퍼는 전혀 단조로운 존재가 아니다. 생을 다른 속도로 살고 있을 뿐이다. 바쁘게 살아가는 생물인 우리 인간은 나무가 제 뿌리를 둔 경사지가 달라질 때 어떻게 적응해 자라나는지 미처 살피기 어렵고, 그 뿌리가 지하에서 무엇을 하는지 전혀 알지 못한다.

『나무: 삶과 죽음의 이야기』에는 중간중간 나무 주변 동·식물이 어떤 식으로 살아가는지, 또 그 모습을 과학적인 시선에서도 설명해주는 생태계 소풍 같은 시간이 있다. 특히 인상 깊은 점은 개별 존재에 집중하다보면 그림의 전체를 보는 눈을 금세 잃는다는 사실을 작가가 떠올리게 한다는 것이다. 작가는 나무와 그 주변의 많은 주제를 세세히 관찰하고 연구해 이를 퍼즐조각처럼 맞춰나간다. 그러나 이 조각들을 다 맞추어도 완성된 퍼즐은 사물의 본질에 이르지 못한다. 말하자면 인간이 본디 가진 것이라곤 개개의 원자와 분자뿐인데 영혼을 어떻게 설명하겠는가?

흔히 우리가 몰랐던 놀라운 현상 체계를 접했을 때, 가장 기초적인 수준조차 이해하지 못하다가 제 모습을 온전히 흡수하게 되는 순간은 그 요소들의 상호작용을 알게 됐을 때다. 생각해보자. 진화는 늘 최강자가 이기는 싸움일까? 이 책의 작가가 가장 가슴 뜨겁게 증명해낸 바에 따르면 '그렇지 않다'. 이를테면 오리나무Alder는 다른 종에게 질소를 공급해주고 대신 당분을 되돌려받는다. 또 이 나무는 더그러스퍼만큼 오래 살지는 못하지만 그렇다고 슬퍼하진 않는 것 같다. 그렇게 자연은 끊임없이 흐른다. 숲에서는 변화가 끊임없이 일어나고 다음 세대에게 새로운 기회가 거듭 이어진다.

환경 문제가 그 어느 때보다 시급하고 더 많은 관심을 가져야 한다는 지금 이 시대, 우리는 다르게 볼 줄 알아야 한다. 숲이나 바다 생태계의 현실에 대해 매일같이 수많은 정보를 듣는다 한들, 그 데이터가 주식시장 정보처럼 가공된다면 무슨 소용일까? 또 무수히 다양한 생물종을 프로그래밍된 기계처럼 묘사한다면 얼마나 많은 사람이 공감할 수 있을까? 안타깝지만 뻔히 부정적으로 보이는 소식을 계속 들어줄 사람이 얼마나 될까? 과학자들이 수집한 데이터가 아무리 중요하다 해도, 사실 우리의 머리에 호소하는 것이지 가슴에 와닿는 얘기는 아니다. 우리의 생각에 진정한 변화를 불러일으키는 것은 '사랑'이라는 감각이다. 그래서 우리의 심장에 와닿는 메시지를 찾아야 하며, 이를 이야기할 이성과 감성을 섞을 줄 아는 메신저가 필요하다.

『나무: 삶과 죽음의 이야기』가 바로 그 균형 속에서 이야기를 들려준다. 우리가 머리로 알아도 가슴으로는 잊은 것을 공명하는 언어로 드러내고, 우리 지식의 간극을 보여주며, 이 모든 것을 솜씨 좋게 엮어서 경이로운 이야기로 펼쳐낸다. 영혼을 간직한 나무가 우리의 가슴을 훔치는 이야기를!

페터 볼레벤(숲 전문가 · 문재인 전 대통령 추천 도서 『나무수업』 저자)

들어가며

한 그루 나무에게서 삶과 죽음을 깨닫다

이 책은 어느 한 더글러스퍼 나무의 이야기다.

그러나 다른 어떤 나무의 이야기가 될 수도 있다. 호주의 유칼립투스, 인도의 반얀나무, 영국의 참나무, 아프리카의 바오밥나무, 아마존의 마호가니 그리고 레바논의 삼나무… 이 모든 나무의 이야기다.

나무라는 존재는 예상치 못한 어떤 변화에든 적응하며 매우 길고 오랜 시간에 걸쳐 스스로를 영속시키는 생명력을 가졌다. 진화의 경이로움, 그 자체다.

땅속에 뿌리를 단단히 박고 하늘을 향해 몸을 활짝 뻗는 나무. 우리 행성 곳곳에 존재하는 나무는 놀랍도록 다채로운 형태와 능력으로 온 세상을 품고 있다. 나무의 잎은 지상의 모든 생명체를 위해 태양의 에너지를 받아들여 엄청난 양의 수증기를 계속해서 뿜어낸다. 나무의 가지와 줄기는 포유류, 조류, 양서류, 곤충 그리고 다른 식물들에게 피할 곳과 살 곳, 먹을 것을 내어준다. 나무의 뿌리는 돌과 흙의 신비로운 지하세계에 닻을 내리고 있다.

나무는 지구에서 가장 오래 산 유기체 중 하나다. 우리 인간의 존재와 경험, 기억을 훨씬 더 뛰어넘을 만큼 오랜 세월에 걸쳐 살아왔다. 생각하면 할수록 참으로 놀라운 존재다. 그러면서도 나무는 생명이라는 무대에서 조연처럼 서 있다. 언제나 자기 주변에서 끊임없이 일어나는 일들의 배경이 되어줄 뿐이기에, 어디에나 있는 무척 친근한 존재이기에 우리는 좀처럼 그들을 제대로 알아보지 못한다.

* * *

나는 타고나기를, 또 스스로 선택하기를 천상 동물학자로 살아왔다. 모든 동물이 지금까지의 내 관심과 열정을 지배했다. 내가 최초로 알아본 동물은 부모와 형제, 친구들이었고 그 다음은 반려견 스포트였다. 부모님이 정원 가꾸기를 대단히 좋아했지만 나는 식물에 그다지 흥미를 느끼지 않았다. 식물은 움직이거나 귀엽거나 별달리 소리를 내지도 않으니까. 낚시는 내 어린시절의 열정이었고, 도랑이나 늪에 가서 잡은 도롱뇽과 개구리는 귀한 상과 같았다. 놀라울 정도로 다양한 종류의 곤충들(특히 딱정벌레)이 항상 나를 사로잡았다. 그러니 내가 삶에서 한때 노랑초파리[*Drosophila melanogaster*] 연구에 매달린 유전학자로 살았던 일은 우연이 아니었으리라.

그렇다면 이토록 동물을 좋아하는 사람이 왜 나무에 관한 책을 쓴 걸까? 레이철 카슨**Rachel Carson**의 획기적인 책 『침묵의 봄』이 세상에 나오면서 환경의 중요성에 세계의 이목을 집중시켰다. 이후 사람들은 전 세계 숲 파괴 문제와 산업적 규모의 임업 관행이 가진 지속불가능성을 비난했다. 많은 활동가와 마찬가지로 나는 북미와 남미, 아시아, 오스트레일리아의 노령림**old-growth forest**[1]을 보호하는 운동에 깊이 관여해왔다. 이는 주로 숲이 다른 유기체들에 제공하는 서식지 문제나 노령림이 겪는 생물다양성의 손실, 지구온난화에서 숲이 맡은 역할에

---

1 다 자란 나무들로 이루어진 숲.

관한 것이었다. 그러다 결국 나무가 얼마나 경이로운 존재인지 깨달았다. 특히 나를 일깨운 것은 내 오두막 가까이에 있는 나무 한 그루였다.

내 오두막 앞에는 해변으로 꾸불꾸불 이어진 오솔길이 있다. 흙비탈이 끝나고 모래사장이 시작되는 곳부터 경사가 심해지는 길이다. 이 흙비탈의 끝 부분에 키가 50미터가 넘고 둘레가 5미터쯤 되는 장대한 더글러스퍼 한 그루가 서 있다. 나무의 나이가 400여 년은 넘었을 법하니 셰익스피어가 『리어왕』을 쓰기 시작했을 무렵에 생을 시작한 셈이다. 해변의 둑에서 수평으로 튀어나와서 위쪽으로 30도 정도 굽다가 수직으로 쭉 뻗은 특이한 모양새를 하고 있다. 수평으로 뻗은 줄기 부분은 앉거나 타고 오르기에 아주 좋아서 나와 가족은 그곳에서 위로 솟아오르는 부분에 그네와 그물침대를 매달 수 있는 줄을 묶어두었다.

이 나무는 우리의 무게를 견뎌왔고, 그늘을 내주었고, 다람쥐를 먹여 살렸고, 독수리와 큰까마귀의 집이 되어주면서도 언제나 우리 의식의 주변에서만 맴돌았다. 그러던 어느 날 이 기형적인 나무의 줄기를 멍하니 바라보다 나는 문득 놀라운 사실 하나를 발견했다. 수백 년 전에 이 나무가 막 자라기 시작했을 무렵, 말하자면 아이

내 오두막 근처에 기울어져 자라난 더글러스퍼.

작 뉴턴이 나무에서 사과가 떨어지는 것을 목격했을 때 이 나무가 처음으로 싹을 틔우기 시작했던 땅이 해변 쪽으로 무너지면서 주저앉았던 게 분명했다. 그러면서 나무가 모래 위로 기울어졌던 것이다. 이 나무의 어린 줄기는 빛을 쫓아 계속 위로 자라기 위해 성장 패턴을 바꿔야 했다. 그리고 여러 해 뒤에 땅이 또 한 번 무너지면서 줄기는 더 기울어져 수평을 이뤘고, 새로 자라는 줄기 부분은 다시 수직을 이루기 위해 굽어졌던 게 분명했다. 나무 자체가 말없이 자신의 역사를 증언하고 있었다.

나무의 삶은 불확실하다.

나무는 움직이지 않는다.

하지만 나무는 꽃가루를 자기 영역에서 최대한 멀리 흩뿌려야 하며 씨앗은 자기 영향권 안에 퍼뜨려야 한다. 이를 위해 나무는 놀라운 방법들을 찾아냈다. 씨앗을 퍼뜨리기 위해 동물들을 대리인으로 이용하는 것에서부터 단단한 씨껍질에 프로펠러나 낙하산, 새총 기능을 다는 것에 이르기까지 다양하다. 만약 당신이 상록수 숲에서 안개처럼 떠다니는 꽃가루를, 조용한 냇가를 희부옇게 장식하는 미루나무 꼬리꽃차례를, 참나무 열매가 한창일 때의 도토리 더미를 봤다면 몇 안 되는 생존체를 만들어내기 위해 나무가 얼마나 엄청난 노력을 들이는지 알 것이다.

그렇게 씨앗은 어디에 떨어지든지 그 자체로 운명이 정해진다. 대부분은 곤충이나 새, 포유류에게 먹히도록 그대로 노출되거나 돌멩이 위에서 시들어버리거나 물속에 가라앉는다. 씨앗이 흙 위에 떨어진다 해도 미래는 불확실하다. 이 작은 원형질 알갱이 속에는 부모에게서 물려받은 모든 것이, 최초의 미약한 움직임을 겪어나갈 수 있도록 해주는 양분이 들어 있다. 또 자라나는 식물에게 뿌리를 내리고 줄기를 위로 뻗으라고 알려주는, 살아가는 데 필요한 에너지와 물과 물질을 얻는 방법을 가르쳐주는 유전적 청사진이 들어 있다. 씨앗의 생명은 이미 설계되어 있다. 그럼에도 예상치 못한 폭풍우나 가뭄, 화재나 포식자를 상대할 수 있을 정도로 유연해야 할 필요도 있다.

한번 흙 속에 뿌리를 내밀고 나면 씨앗은 지상의 그 자리에만 매여 여러 세기에 걸쳐 살아남고 번성하는 데 필요한 모든 것을 그곳에서 얻어야 한다. 땅 위로 수십 수백 미터까지 자라도록, 무게가 수십 톤이 나가도록, 파괴적인 불과 바람의 힘을 견딜 수 있도록 해주는 분자와 구조를 만드는 데 필요한 요소들을 공기와 흙으로부터 얻어야 한다. 이때 나무가 이뤄내는 탄력성과 힘에 인간의 독창성과 기술력은 감히 견줄 바가 못 된다. 나무는 햇빛, 이산화탄소, 물, 질소, 그 밖의 미량의 원소들만 가지고도 거대한 물리적 구조와 신진대사의 건축 자재라 할 수 있는 온갖 복잡한 분자들을 만들어내기 때문이다. 이런 경이로운 일을 해내기 위해 나무는 진균류[2]의 도움을 받는다. 예를 들어 곰팡이는 나무의 뿌리와 뿌리털을 금속 실 세공품처럼 감싸주면서 흙 속의 미량 원소와 물을 빨아들인 뒤 나무의 잎에서 만들어진 당분과 교환한다.

나무의 원형질에는 자신의 생존과 다른 유기체들에 꼭 필요한 에너지 비축물과 분자들로 가득 차 있다. 나무는 공격해오는 포식자들로부터 달아나거나 숨거나 반격을 가할 순 없지만 그렇다고 대책 없이 희생 당하기만 하지는 않는다. 나무의 껍질은 갑옷의 외피 같으며 공격자들에 대항하는 독소나 구충제 역할을 하는 강력한 합성물을 다양하게 만들어낸다. 만약 곤충의 공격을 받으면 휘발성의 합성물을 만들어내는데 이 물질은 곤충을 물리칠 뿐 아니라 이웃한 나무들에게 위험을 알려 구충제를 합성해내도록 자극을 준다. 한편 나무는 세포 속에 곰

---

2 곰팡이, 효모, 버섯 등 세균과 변형 균류를 제외한 균류의 총칭.

팡이를 위한 하숙집을 제공하기도 한다. 그러면 이 손님은 보답으로 세균 감염을 피하게 하는 물질을 만들어낸다. 병이나 해충이 심할 경우, 감염되지 않은 부위를 살리기 위해 감염된 부위의 가지나 줄기를 희생시키려 그쪽으로 가는 영양분을 차단하기도 한다. 특히 같은 군락 안에서 사는 나무들은 흙 속에서 뿌리끼리 서로 섞여 사실상 하나가 된다. 이렇게 서로 소통하고, 물질을 주고받으며, 돕고 공존하는 것이다. 그 어떤 나무 하나도 고립된 섬이 되는 일은 없다. 나무는 저마다 함께 사는 세계의 일원으로 존재하고, 제대로 작동하는 생태계에 참여한 생물이라면 모두 누려야 할 이점을 협력과 나눔, 서로의 노력을 통해 끌어낸다.

시간이 흐르고 오랜 세월이 지나면 아무리 튼튼한 나무도 가차 없이 구멍이 생겨나 뚫리고 감염되고 약해진다. 나무의 죽음을 알리는 신호는 심장 박동이 멈추거나 뇌파가 멎거나 마지막 숨을 쉬는 것이 아니다. 나무는 죽어가면서도 계속해서 어떤 일이든 한다. 뿌리는 영양분을 내보내려 하며, 막히고 고장난 파이프를 통해 물을 끌어오려 한다. 여기저기서 광합성을 계속한다. 하지만 결국 나무는 말라죽는데, 그러면서도 다른 많은 생물종이 살아가게 한다. 마침내 쓰러져 몸을 누인다 해도 썩어가는 나무는 여러 세기 동안 일련의 생명체들을 먹여 살린다.

* * *

역사를 통틀어 인간은 늘 지구상의 다른 생명들과의 관계를 고찰해왔다. 과거 많은 종족이 다른 모든 동물뿐 아니라 초록의 존재(식물)와도 서로 의존하며 관계를 구축했다. 그들은 우주가 어떻게 시작되었고, 인간이 어떻게 생겨났으며, 만물이 어떻게 존재하게 되었는지를 상상했다. 세상의 모든 문화에 있는 이야기들은 각 종족의 세계관에서 이뤄진 관찰과 통찰, 추측을 구현한 것이다.

한편 과학은 우리가 사는 세계를 바라보는, 근본적으로 다르고 강력한 방식을 제시한다. 자연의 일부에 초점을 맞추고, 그 일부에 영향을 주는 모든 것을 통제하여, 특정한 단편을 측정하고 기술하는 방식으로 심오한 통찰을 얻는다. 그러는 사이에 과학자들은 그 일부가 존재하는 전후 맥락을 놓쳐버리고, 그러면서 처음에 단편을 흥미롭게 만들었던 리듬과 사이클, 패턴을 더는 보지 못하게 된다. 이렇듯 과학의 통찰은 꾸준한 흐름 속에 있으면서도, 새로운 관찰에 따라 지속적으로 확대되고 바꿔고 대체된다. 『나무: 삶과 죽음의 이야기』는 자연과 과학 영역 밖에 있는 사람들의 경이감과 호기심을 되살리고자 했으며 여기에 과학자들이 관찰한 정보를 덧붙였다. 어떤 사실이나 정보는 시간이 흐름에 따라 달라지고 늘어날 것이다. 하지만 근본적인 현상은 변함없이 경이롭고 황홀할 것이다.

나무 한 그루의 이야기는 다른 시대, 다른 세계와 우리를 연결해준다.

이 책은 그런 이야기다.

동시에 지금 여기의 모든 나무, 모든 생명의 삶과 죽음의 이야기다.

차례

Tree

A Life Story

{1장}
탄생

B I R T H

나무는 시간을 뒤튼다.

— 존 파울즈John Fowles, 『나무The Tree』

번개가 번쩍하면서 하늘을 비추더니 숲의 맨 윗부분을 때린다. 하지만 싱싱하고 튼튼한 나무 윗머리로 우거진 숲의 꼭대기에는 불이 붙지 않는다. 그보다 좀 더 아래에 있는, 여러 해 동안 쓰러지고 떨어진 나무와 가지들이 쌓여 불쏘시개 더미를 이루고 있는 곳에서 불이 붙기 시작한다. 그중 나무 하나가 며칠 동안 연기를 피우며 밑에 있는 돌 많은 흙 위에 빨간 숯불을 계속 떨어뜨린다. 이 숯불들이 주변에 흩어져 있는 잡목 부스러기로 퍼지면서 바닥에 불이 붙는다. 이 불은 지나가는 길에 있는 잔가지들과 떨어진 솔방울 같은 열매들을 태우기 시작한

다. 그리고 살아 있는 나무들의 아래쪽 죽은 잔가지들을 날름거리며 간질이다가 얽혀 있는 가지들의 계단을 얼른 타고 올라가서는 수지[1] 많은 중간 부분으로 옮아간다. 여기서 거세지기 시작한 불길은 주변 공기의 산소를 모조리 집어삼키더니 살아 있는 목질의 인화점을 충분히 넘어서는 온도에 이른다. 때마침 불어닥친 바람을 타고 온 한 무더기의 싱싱한 산소가 공기의 대류현상에 휩쓸리고, 이 세상 모든 불길이 마치 악마의 마술에 사로잡힌 것처럼 숲의 윗부분을 향해 일순간 폭발해버린다. 땅에서 시작된 불은 이제 수관화crown fire[2]가 되어 움직이기 시작한다.

수관화는 미리 수색대를 파견해 싱싱한 재원을 찾는다. 이 불덩이의 중심에 있는 덩굴손은 작은 고리 모양의 불꽃에서 몸을 비틀어 꼬더니 점점 소용돌이 꼴이 되었다가 작은 회오리바람이 된다. 그러다 이내 크고 무시무시한 회오리바람으로 몸집을 키워 연기를 뭉게뭉게 피우는 소용돌이 불기둥으로 돌변한다. 섭씨 1천 도의 온도로 타는 맨 꼭대기의 가스는 바닥으로 빨려 내려

1 송진과 같은 나무의 진.
2 상승기류를 타고 올라 나무 윗부분을 태우는 불덩이.

가 불타는 가지들이나 통나무 전체를 집어 든 다음 불기둥 주변의 상승기류를 타고 떠오르게 만든다. 이제 불기둥은 대포가 되어 아직 불에 타지 않은, 수백 미터나 떨어진 숲으로 불꽃을 발사한다. 주위 공기는 훨훨 타오르는 미사일로 가득 찬다. 이 미사일의 임무는 곳곳에 작은 불을, 마치 위성 같은 불꽃들을 피우게 하는 것이다. 그러면 이 불들은 하나로 합친 다음 중심이 되는 불기둥으로 돌아와 보고를 한다.

중심 불기둥과 하나로 합쳐진 위성 불꽃들 사이의 공간이 목질의 인화점보다 뜨거워지는 순간, 그리고 바람이 날라다 주는 싱싱한 산소를 한 덩어리 공급받는 순간 중심 불기둥과 수색대 불꽃 간 구분이 순식간에 사라진다. 화염의 폭발이다. 서서히 이동하던 불더미 하나가 갑자기 수십 제곱킬로미터를 휩쓸어버리는 것이다. 이 불길은 더 이상 한쪽으로만 움직이지 않는다. 사방으로 번지는 화마가 된다. 이제 숲은 불꽃들이 피우는 매캐한 연기와 뜨거운 열기로, 어둠 속에서 비명을 지르며 어쩔 줄 모르는 동물과 새들로, 몰아치는 바람과 살아 있는 모든 것들의 마지막인 듯한 모습으로 가득한 카오스 상태가 된다.

더 이상 불에 탈 만한 건 하나 없이 다 타버렸을 때,

땅에 있는 식물은 다 사라지고 유기 영양분 모두 죽었을 때, 개울가의 물마저 전부 증발해버렸을 때, 바위까지 쪼개지고 불에서 나온 연기와 티끌이 하늘 끝으로 맴돌 듯 올라갔을 때…. 그때야 비로소 이 거대한 불덩이는 다른 곳으로 간다.

남은 것은 오직 침묵뿐이다.

쉭쉭, 훨훨 타는 소리도 다른 곳으로 가버린다. 어떤 동물도 찾아볼 수 없다. 새도 없고 파충류도 없고 곤충도 없다. 버드나무를 흔드는 바람 한 점, 가지끼리 스치는 희미한 소리조차 없다. 아무런 움직임도 없다. 까만 숯과 잿빛 말고는 아무 색깔도 없다. 이토록 처량한 광경을 본 사람이라면 불이라는 것이 단테가 '인페르노**inferno**'라 부른 하계에 내놓은 징벌이라 여긴다 해도 비난받지 않을지도 모른다. 비는 천국에서 오고, 불은 지옥에서 온다고 말이다.

하지만 이 생각은 옳지 않다. 지금까지 이야기한 사건이 벌어진 북미 서안은 크고 작은 화재를 정기적으로 겪어왔다. 상상하기 힘들 정도로 어마어마한 규모의 세기적인 화재가 200~300년에 한 번씩 북부지역의 숲들을 쓸고 지나갔던 것이다. 그보다 작은 지표면 화재는 적어도 30년에 두 번꼴로 일어났다(안타깝게도 최근 지구온난화로 이 지역의 화재가 급격히 늘었다. 몇 년에 한 번씩 숲을 청소하는 지표면 화재는 이제 매년 수백 건씩 일어난다. 심지어 그 수가 급격히 더 늘고 있다. 예를 들어 2011년에 보고된 화재의 수는 646건이었고, 2013년에는 1,851건이었다. 심지어 강수량이 엄청났던 2016년에도 1,050건을 기록했다. 여름 날씨가 더 덥고 건조해지면서 화재의 규모도 커졌다. 2011년을 보면 발생 건수는 평년 이하였지만, 화재로 소실된 면적이 평년보다 세 배 많은 3,300제곱킬로미터였다. 또 현재 보고되는 화재 발생률의 절반가량이 인간의 활동에서 비롯된 것으로, 사고도 있지만 방화 역시 많았다. 인간은 헤아릴 수 없이 많은 방식으로 지구의 자연계에 변화를 일으키고 있다.) 거대한 나무들, 즉 성숙한 더글러스퍼, 시트카가문비나무**Sitka spruce**, 자이언트세쿼이어**Giant sequoia** 같은 나무들은 1천 년 이상을 산다. 그렇다면 이들은 아무리 크나큰 불이 난다 하더라도 타지 않는다는 말이 된다.

자연에서 일어나는 거대한 불은 천국에서 온 것도, 지옥에서 온 것도 아니다. 이는 식물과 동물의 생명을 다스리는 자연 작용의 일부다. 본디 불은 태양이라는 핵융합의 어마어마한 가마솥에서 생겨나는 에너지다. 지구로 흘러내린 태양에너지는 식물의 잎에 저장되어 있다가 안정적인 분자 형태로 전환된다. 이 과정에서 정기적으로, 혹은 우연히 점화되어 불로 전환되는 것이다. 빗소리나 곤충의 윙윙 소리, 날다람쥐의 찍찍 소리가 그렇듯 세기적인 규모의 불 역시 숲 생태의 일부다.

* * *

로지폴소나무**Lodgepole pine**나 자이언트세쿼이어 같은 서양 침엽수는 열매가 더디게 열리는 나무다. 즉 사과나무나 단풍나무처럼 씨앗이 여물자마자 퍼뜨리지 않고 꼭 붙들고 있다가 어떤 외부 환경의 자극에 반응해 퍼뜨린다. 로지폴소나무는 구과[3]를 50년 동안이나 닫고 있을 수도 있다. 그렇게 기다리다가 불이 나면 구과의 비늘껍질을 열고 씨앗을 내보내는 것이다. 세쿼이어도 수십 년 동안 구과를 단단히 닫고 지낼 수 있다. 그러다 구과의 온도가 섭씨 50~60도까지 올라가면 씨앗을 내보내는데 그만한 온도는 불이 나야만 가능한 것이다. 식물(동물도 마찬가지)의 조직은 50도가 되면 파괴되기 시작한다. 이 말은 이런 거목들이 자신을 죽일 정도로 높은 온도에서 씨앗을 퍼뜨린다는 뜻이다. 일부 침엽수의 제일 낮은

---

3 솔방울, 잣송이 등과 같은 침엽수의 열매.

위치에서 뻗어 나온 가지들이 죽어서도 나무에 계속 붙어 있는 이유는 지표면의 불이 수관crown[4]으로 치솟아 올라 구과를 데운 다음 씨앗이 튀어나오도록 연료 역할을 하기 때문이라는 말도 있다.

맹렬한 열기를 견디는 나무의 능력은 화재 기후fire climate(한 해 강수량이 125센티미터 이하 수준으로 낮으며 덥고 건조한 기간이 길면서 바람이 강한 기후) 환경인 지역에서는 값진 속성이다. 오스트레일리아가 그런 기후를 갖고 있는데, 이곳의 가장 전형적인 유칼립투스는 지구상에서 가장 불에 잘 타는 나무다. 이 나무는 마른 잎을 대단히 많이 열고 불에 잘 타는 가스를 만들어내어 불꽃을 100미터나 날려 보낼 수 있다. 동시에 이 고무나무는 고온을 매우 잘 견딜 수 있으며, 일부 종은 계속 살아 있기 위해 불이 필요해 보일 정도다. 상대적으로 습한 기후에서도 불에 견디는 내화성은 장점이 된다. 예를 들어 하와이의 오히아레우아나무Ohia lehua tree는 타고 있는 용암 더미 사이에서 산 채로 서 있으면서도 새순을 만들어낸다. 심지어 뜨거운 잿더미 아래로 새로운 뿌리를 뻗기도

---

4 나무의 가지와 잎이 달려 있는 부분으로 원 몸통에서 나온 줄기. 바늘잎나무는 원뿔 모양을 이루고, 넓은잎나무는 반달 모양을 이룬다.

한다.

더글러스퍼는 번식을 위해 불이 필요하지 않지만 생존을 위해서는 불에 의존한다. 그늘을 용납하지 않는 이 나무는 미솔송나무**Western hemlock**나 미삼나무**Western red cedar**처럼 비교적 작게 자라는 종이 있는 주변 땅을 치우기 위해 불이 필요하다. 씨앗이 떨어지면 근처에 아무도 살지 않는, 즉 그늘지지 않는 땅에 자리 잡겠다는 것이다. 게다가 재에는 어린나무가 번성하는 데 기초가 되는 귀한 영양분들이 들어 있다. 만약 불이 나지 않으면 더글러스퍼는 결국 다른 작은 나무들에 자리를 내어주어야 한다. 이를 위해 성숙한 더글러스퍼는 땅을 청소해주는 불을 견딜 수 있다. 살아 있는 부름켜**cambium**[5](성숙한 나무의 경우 30센티미터에 이른다)를 보호해주는, 두껍고 불에 타지 않는 껍질을 진화시켰기 때문이다.

불은 참 희한하다. 지나가는 길에 있는 것은 무엇이든 다 파괴해버릴 것처럼 단 며칠 만에 수십 제곱킬로미터의 숲을 휩쓸고 지나가면서도 여기엔 어린나무 하나, 저기엔 다 큰 나무 하나, 또 어딘가엔 한 무더기의 나무를 전부 남겨둔다. 이렇게 불이 한 번 일어난 후 시커멓

---

5 '형성층'이라고도 일컬으며, 식물의 부피 생장이 일어나는 곳이다.

게 타버린 골짜기 너머를 언뜻 보면 잿더미 위에 쓰러져 있는, 까만 숯이 되어버린 나무꼬챙이들만 보인다. 하지만 좀 더 자세히 잘 살펴보면, 특히 비 온 뒤에 눈여겨보면 초록빛 나뭇가지들과 햇빛을 받아 반짝이며 흘러가는 수지가 이따금 눈에 띈다. 그리고 낮은 산등성이의 바람 부는 쪽에 있는 그늘진 지점에는 타지 않은 작은 숲이 오아시스처럼 남아 있을 때도 있다.

더글러스퍼의 구과 열매는 씨앗을 열어젖히는 데 높은 온도를 필요로 하지는 않지만 원래 함유하고 있는 습도의 절반 이하로 건조해져야 한다. 큰 화재가 일어나고 며칠이 지나지 않은 때 70미터의 키에 당당하게 선 더글러스퍼를 본 적이 있다. 이 나무에 장식처럼 매달린 구과 수백 개가 천천히 비늘껍질을 펴더니 속에 든 날개 달린 씨앗들을 거침없이 불어오는 바람에 내맡겼다. 그러자 씨앗들은 저마다 빙글빙글 소용돌이치며 땅에 떨어졌다. 그중 95퍼센트는 돌 위나 물속에 떨어지거나 불모의 흙에 놓여 싹을 틔우지 못한다. 다른 남은 씨앗 중에서도 95퍼센트는 영양분이 부족하거나 너무 그늘이 진 곳에 놓인다거나 모험심 강한 사슴쥐나 더글러스퍼 다람쥐의 식성 때문에 첫해에 죽고 만다. 하지만 자연의 풍성함은 촉촉하고 영양분 많은 흙에 씨앗이 적어도 몇

불이 난 뒤의 숲에는 죽음의 기운이 감돌지만
사실 새로운 생명이 움트고 있다.

몇(충분한 정도의 개수)은 떨어지도록 해준다. 안타깝게도 대부분이 다 자라지 못한다. 제대로 껍질을 갖추기 전에 일어난 불에 희생되거나 풀 뜯는 검은꼬리사슴, 너무 잘 자라는 뿔을 문지르는 고라니, 갖가지 곤충, 곰팡이병, 가뭄, 산사태, 된서리, 다른 나무들과의 경쟁에 희생되기 때문이다. 그래도 씨앗 중 하나는 말끔하고 높다랗고 물 잘 빠지는 곳에, 햇빛도 충분히 들고 초록의 기운을 되찾아가는 골짜기의 환한 끄트머리 쪽 태평양에서 꾸준히 불어오는 습기 머금은 산들바람을 받는 곳에 자리를 잡는다.

생명의 시작을 들여다보다

불은 숲 생태계의 친근하고도 필수적인 일부다. 불이 숲 생명체들의 물질과 에너지를 축소해 기본 요소로 만들면 새 생명체들은 그것을 양분으로 삼는다. 불, 씨앗, 나무의 생장이라는 각 단계는 지구상에 동물이 등장하기 훨씬 오래전부터 시작된 과정이다. 태초로 거슬러 올라가보자. 138억 년 전, 빅뱅Big Bang이라는 불가마에서 우리 우주에 첫 불이 붙었다. 이때 존재하던 모든 물질이

단 하나로, 말하자면 이 문장의 끝에 찍힌 마침표보다 결코 크지 않은 하나의 점으로 압축되었다. 이 점은 상상도 못 할 만큼의 힘과 온도와 속도로 폭발하며 팽창했고, 그 팽창은 오늘날까지 계속되고 있다. 그 뒤 9억 년 동안 식어가던 가스 회오리들은 가스를 더 조밀한 덩어리로 끌어모으는 데 충분한 중력을 발휘하는 물질을 함유하고 있었다. 우주적 시간 개념으로는 갑자기 수십억 개의 핵융광로(별)들이 거의 동시에 점화되어 하늘을 비추기 시작했다. 그중 하나가 태양인데 이 별은 태양계 속의 모든 물질 가운데 99.8퍼센트 이상을 이루었던 구름덩어리에서 만들어졌다.

태양에 매이지 않은, 농축가스 상태의 물질 0.2퍼센트로 다른 행성들이 만들어졌다. 약 46억 년 전, 물질이 합쳐져 지구가 만들어졌을 때 지구를 꽉 뭉쳐 만든 중력은 지구의 중심핵을 달구어 마그마로 만들어버렸다. 산소는 없었지만 이산화탄소나 수증기 같은 온실가스를 지녔던 이 행성의 대기는 단열 역할을 하는 담요를 만들어내 지구의 열을 가뒀다. 그러자 생명이 존재할 수 있는 수준의 지표 온도가 안정적으로 유지됐다. 이로써 무대가 만들어지고, 생명의 위대한 연극이 펼쳐지도록 불이 밝혀진 것이다.

연극의 처음 몇 장은 이렇다. 지구의 표면은 식은 후에 딱딱하고 어마어마한 크기의 지각이라는 여러 개의 판이 되었다. 이 지각판들은 불바다에 떠다니는 거대한 얼음벌판처럼 마그마 위를 떠다녔다. 그러다 서로 부딪치면서 하늘로 치솟아 올라 산맥들을 만들어냈고, 서로 잡아당기다 떨어지자 그 틈을 메우기 위해 바다가 들어찼다. 그렇게 5억 년이 넘는 시간이 흐르는 사이, 이 불모의 땅에 증발과 응축, 강수라는 물의 순환이 자리를 잡았다. 동시에 이 순환으로 급류가 흐르면서 땅에 협곡이 생겨났고, 돌이 바다로 떠내려가면서 광물질이 분해되었으며, 이 광물질들은 바다로 가서 수천 년 동안 그냥 쌓이거나 이미 물속에 있던 원소들과 결합되었다. 그리하여 바다는 탄소, 질소, 인, 황, 수소, 나트륨이 풍부한 용액이 되었다. 육지도 가는 모래가루, 자갈, 화산재, 세사, 진흙을 얻었다.

연극의 1막 중간 즈음, 이 건축 자재들은 바다에서 결합해 살아 있는 유기체를 만들어내기 시작했다. 이것이 어떻게 이뤄졌느냐 하는 문제는 현대생물학에서 가장 논란이 많은 분야다. 하지만 그 일이 약 38억 년, 또는 39억 년 전 즈음 물속에서 에너지가 필요한 과정에서 일어났다는 데에는 대부분이 동의한다. 그런 에너지는 다양한 원천에서 비롯되었을 수 있다. 오존 없는 대기에서 나오는 자외선이나 번개, 유성우(일부 가설에 따르면 지구에서 만들어내지 못한 몇몇 필수 원소들을 전해주었다고 한다), 해저의 열수구가 그런 것들이다. 열수구의 경우, 지각판 사이에 난 틈에서 새어 나온 마그마가 물을 뜨겁게 데우면서 메탄과 암모니아 같은 성분들을 내놓게 되었다는 것이다.

마침내 몇몇 원자와 분자가 서로 결합하여 더 큰 집합체나 지질의 거대분자, 탄수화물, 단백질, 핵산이 되었다. 그리고 어찌어찌해서 복잡한 분자는 안과 밖을 구분하는 지질 막에 둘러싸이게 되었다. 원세포protocell라고 하는 이것은 최초의 생명이 되었다. 어느 순간엔가 생명 없는 물질이 아주 복잡하게 배열되다가 생명을 얻게 된 것이다. 여기까지가 1막이다.

오늘날 생물은 여러 속성에 따라 무생물과 구분되는데, 그 속성이란 살아 있는 유기체의 고유한 것이 아니라 살아 있는 생물에게서만 공통되게 나타나는 것들을 말한다. 즉 아주 질서정연한 구조들, 번식, 생장과 발달, 에너지 활용, 환경에 대한 반응, 항상성(내부 환경을 유지하는 것), 진화적 적응을 말한다. 우리는 얼마나 많은 잠재적 생명체가 탄생할 뻔하다가 다른 잠재적 생명체의 압박이나 환경 조건, 원천의 부족에 굴복하고 말았는지 알지 못한다. 원시 바다의 분자 기질이 풍부했던 점을 미루어 봤을 때 분자들이 자연스럽게 뭉치는 일은 수시로 일어났을 수 있다. 만일 그랬다면 분명 경쟁이 엄청났을 것이며, 실패의 대가는 가차 없었을 것이다. 그중 단 하나의 실험만이 성공한 것으로 알려져 있다. 경쟁에서 다른 모든 생명체를 제친 후 번식을 하고 경쟁력을 늘리는 방식으로 돌연변이를 이룬 생명체가 일단 하나 나타나자 박테리아(세균) 하나로 된 이 단일 원세포는 지구상에 모든 미래 생명체의 부모가 되었다. 이는 지구에서 생명 없는 물질로부터 생명체가 탄생한 마지막 사례였다. 그 뒤로는 생명체만이 생명체를 낳았고, 이는 지금까지도 변함없다.

* * *

2막이 시작되는 처음 수억 년 동안은 생명체가 살기 쉽지 않았다. 초기의 박테리아 세포들은 바닷속에서 살길을 찾아야 했다. 이를테면 원자들 사이의 황 결합이 깨지면서 나오는 에너지를 쓰거나 따뜻한 곳을 찾아 깊은 바다의 열수구에 몰려들어야 했다. 이런 최소한의 활동

중 상당수는 몇 킬로미터나 되는 얼음 밑에서 이루어졌을 수 있다. 눈덩이지구설Snowball Earth[6]에 따르면 지구가 심하게 냉각되는 단계를 연이어 거쳤기 때문이다. 수천만 년 동안 초기 생명체들은 변화하는 환경과 자연선택natural selection에 따라 모양을 갖추어가면서 진화했다.

진화의 기본 동력은 돌연변이다. 즉 유기체의 유전적 청사진에서 일어나는 드물고 예측불가능한 변동인 것이다. 여러 세대에 걸쳐서 한 유기체의 모든 유전자는 2분열binary fission이 일어나 그 유기체가 단순히 둘로 나눠질 때 예정대로 번식을 한다. 그러다 느닷없이 무작위적으로 바뀌고 달라진, 변이를 일으킨 유전자가 한 자손에게 유전된다. 생명이 생겨난 초기 시절, 돌연변이는 일종의 기회였다. 약간의 이점을 가져다줄 수 있는 변화를 만들어냈던 것이다. 스위스 시계 장인들이 여러 세대에 걸쳐 힘겹게 발전시켜온 정교한 시계의 부속들처럼 세포핵의 유전자들은 한 유기체의 생애 동안 적절하게 작용하는 것들로 선택되어왔다. 우리가 만일 시계의 뒤 덮개를 열고 바늘로 부속장치를 무턱대고 찌른다고 가정

---

6 약 7억 년 전에 지구 전체가 얼어붙어 있었거나 완전히 눈으로 덮였었다고 보는 가설.

했을 때 이 무작위적 사건이 시계의 기능을 향상시킬 가능성은 제한적이다. 그 행동으로 해로운 결과가 생길 가능성이 압도적으로 높다. 돌연변이가 일어난다는 것은 이 결과와 비슷하다. 그런 점에서 대부분의 돌연변이가 해롭다고 말한다. 돌연변이가 된 자손이 부모의 서식지에서 생존하는 것은 별로 적합하지 않기 때문이다. 하지만 아주 가끔은 돌연변이가 우연히 이점을 가져다주기도 한다. 예를 들어 거의 알아챌 수 없을 정도로 미약하게나마 신진대사 반응의 효율성이 향상된다든지, 설명하긴 어렵지만 자극을 받아야 추진력이 생기는 팔과 다리 같은 부속지appendage가 커진다든지 하는 것이다. 이렇게 이점을 타고난 자손이 살아남아 나머지 자손들보다 경쟁에서 앞서게 되고 이로써 진화가 일어난다. 그럼에도 돌연변이가 일어나기를 기다리는 것은 생명을 발달시키기에는 임의적이고 느린 방법이다.

하지만 성sex이 생겨나면서부터 진화의 속도는 대단히 빨라졌다. 유성생식은 다른 생식(번식)의 결과를 쉽게 넘어섰다. 성이 생기면서 대단히 많은 수의 새로운 조합을 만들어내는 유전적 혼합이 가능해졌다. 그러면서 좀 더 이점을 가져다주는 유전적 혼합의 가능성이 매우 커졌다. 그리고 동시에 죽음의 필요성이 생겼다. 초기 수백만 년 동안 모든 생명체가 그랬듯, 세포가 성교 없이 그저 자라서 둘로 나누어지면서 번식하면 두 자식세포는 서로 동일하고 또 그들을 낳은 부모세포와도 같다. 서식지가 변하지 않는 한 세 세포(부모세포와 두 개의 자식세포)의 생존 가능성은 모두 같아진다. 본질적으로 각 세포가 불멸한다. 끝없이 둘로 나뉘기만 할 뿐이기 때문이다. 하지만 부모가 둘일 경우, 가능한 결과의 수는 기하급수적으로 늘어난다. 이 말은 생존할 수 있는 것보다 훨씬 더 많은 다양한 유전자 조합이 만들어진다는 뜻이다.

각 부모가 a 유전자의 두 형태, 또는 대립유전자를 가지고 있다고 하자. 예를 들어 한 부모는 a^1 유전자 두 개가 있고, 나머지 부모는 a^2 유전자 두 개가 있다. 유성생식과 유전적 혼합을 거치면 다음 세대에는 a^1a^1, a^1a^2, a^2a^2라는 세 가지 조합이 나온다. 한편 이와 다른 b 유전자가 있는데 두 가지 상태인 b^1과 b^2로 존재한다고 가정해보자. 이 경우 둘 사이의 조합은 아홉 가지의 결과로 나오는데 바로 $a^1a^1b^1b^1$, $a^1a^1b^1b^2$, $a^1a^1b^2b^2$, $a^1a^2b^1b^1$, $a^1a^2b^1b^2$, $a^1a^2b^2b^2$, $a^2a^2b^1b^1$, $a^2a^2b^1b^2$, $a^2a^2b^2b^2$이다. 만약 두 가지 형태를 지닌 유전자가 세 개가 되면 조합의 수는 훌쩍 늘어 27가지가 된다. 즉 유전자의 수 n개에 따라 조합의 수는 3^n가지가 된다. 이는 유전자마다 두 가지 형태만 있다고 가정한 예일 뿐, 실제로는 각 유전자에 수십 가지의 다른 형태가 있을 수 있다. 그러므로 가능한 조합의 수는 훨씬 더 많아진다. 인간 게놈 전체에 대한 해독에 따르면 우리는 각자 약 3만 개 정도의 유전자를 지니고 있다고 한다. 이 말은 각 유전자가 두 가지 형태만 있다고 가정하더라도 유전자 조합의 수가 3^{30000}가지가 된다는 뜻이다. 쉽게 상상할 수 없는 숫자다. 이들 유전자 사이에 엄청난 변이와 함께 경쟁이 폭발적으로 일어나면서 상당수는 죽어야 했다. 성의 등장은 에덴동산에서 쫓겨난 삶처럼 생물학적 금단의 열매를 베어 먹은 일대 사건이었다.

거의 20억 년 동안 지구상에 존재하는 유일한 생명은 단세포 박테리아뿐이었다. 그 시대로 돌아가 직접 마주한 지구는 우리 맨눈엔 생명이 없는 곳으로 보일 것이다. 그곳에 존재하는 세포는 현미경으로 확대해서 볼 때에만 인식할 수 있기 때문이다. 하지만 바다에는 모두 생존할 방편과 이를 쓸 수 있는 곳을 찾으려 경쟁하는 다양한 생명체들이 아주 풍부했다. 한마디로 지구는 '미생물의 세계'였다. 여러 측면에서 이는 지금도 사실이다. 오늘날 과학자들은 지표면 아래 15킬로미터 지점에서 바위에 박혀 있는 채로 있는 원시박테리아를 발견한다. 그곳에서 원시박테리아는 근근이 생명을 이어나간다. 원소들을 서로 결합해주는 에너지를 얻기 위해 화학적 결합을 깨뜨리면서, 바위 속에 있는 물 분자를 쪽쪽 빨아먹으면서, 아마도 1천 년에서 1만 년에 한 번 정도만 분열하면서 살아가고 있다. 이 박테리아는 바위 속에 갇혀 있었기에 빙하기와 온난기, 대륙 이동, 식물상과 동물상의 엄청난 변모 등 이런 온갖 변화로부터 자유로울 수 있었다. 말하자면 이 박테리아는 수십억 년은 되었을 유전 정보를 간직한 '살아 있는 박물관'인 셈이다. 놀랍게도 4천만 년 된 벌 화석의 배 속에서 살아 있는 박테리아가 발견된 적이 있다. 심지어 지구상의 모든 미생물의 무게가 모든 다세포 생물, 즉 나무에서부터 고래나 풀, 인간에 이르는 모든 생물의 무게를 능가하는 것으로 추정된다. 앞으로 살펴보겠지만, 우리 인간이나 나무도 원시박테리아의 생존 전략이 공들여 만들어낸 작품이다.

그런데 이 구상의 방향이 살짝 바뀌는 일이 생겼다. 온난기 동안에 오늘날의 남세균cyanobacteria[7]을 닮은 유기체 하나가 광합성 하는 법을 발견한 것이다. 즉 바다

---

7 짙은 청록색을 띠고 있으며 세균 중 유일하게 산소를 발생하는 광합성 세균.

표면에 쏟아지는 햇빛 광자의 엄청난 흐름 중 일부를 포착해 그 에너지를 저장가능한 당糖 형태로 변환한 뒤 필요할 때 썼다. 이렇게 광합성을 할 줄 알게 된 존재들, 즉 지구상에서 '식물'이라고 불리게 되는 최초의 유기체들은 35억 년 전에 수심 200미터 영역을 채워 가며 온 해양에 퍼져나갔다. 이 유기체들이 지구 표면에 쏟아지는 에너지를 매우 잘 이용하자 덕분에 광합성을 못 하는 박테리아는 당을 일부 쓸 수 있게 된 것에 보답으로 그들에게 쉴 수 있는 곳인 원형질을 제공해주었다.

아득한 그 옛날에 벌어진, 서로의 이익을 위한 이런 협동은 대단히 성공적이어서 세포분열이나 에너지 생성 같은 다른 기능을 위한 연합도 비슷한 공생관계로 발전했다. 빌려온 원형질 속에서 보호받고 영양분도 공급받던 광합성세포는 마침내 '엽록체'라는, 완전히 통합되고 의존적인 세포기관이 되어 자신의 모든 미래를 숙주세포에 맡겼다. 광합성은 지구상에 자립적이면서 자체 번식을 하는 수많은 생명체가 탄생하게 만든 화학적 과정이었다. 이 기능이 가져다주는 이점들은 세포들 사이에서 상호 협조를 통해 공유됐다. 또 부수적인 이점도 있었다. 이산화탄소를 빨아올려 지표면 위에 붙잡혀 있던 열의 양을 줄였으며 산소라는 흥미로운 부산물까지 제공해준 것이다.

광합성을 하는 이 존재들은 처음에는 박테리아 또는 원핵생물**prokaryote**[8]이라고 하는 단세포 유기체였다. 진화 영역에서 모든 '돌파구'가 그랬듯, 광합성 유기체의 초기 모델들은 분명히 조잡했을 것이다. 하지만 태양을 이용할 수 없는 유기체들에 비하면 상당히 유리한 조건을 가졌다. 게다가 영역을 점점 넓히며 경쟁하는 과정에서 자연선택을 통해 광합성은 더욱더 효율적이고 효과적으로 작용했다. 모든 박테리아가 광합성을 했던 것은 아니지만 광합성을 하는 박테리아들이 에너지원을 찾는 경쟁에서 벗어날 수 있었고 재빨리 바다를 장악했다. 이 박테리아들이 오늘날에도 식물성 플랑크톤으로 존재하며 바다를 장악 중이며, 지구상에서 일어나는 모든 광합성의 절반 이상을 담당하고 있다. 그래서 이들을 '바다의 보이지 않는 숲'이라고 부른다.

35억 년 전에서 25억 년 전 사이 그 어느 시점에 원핵생물 그룹 하나가 따로 떨어져 나와 세 개의 계통을 만들었다. 바로 고세균**archaebacteria**(심해 열수구 근처

---

8 세포 내 핵의 요소가 되는 물질이 있으나 핵막이 없어 핵의 구조가 없는 생물.

나 그 속에 살았던 극한미생물들), 진정세균eubacteria(광합성을 하는 남세균으로 이어지는 계통) 그리고 나중에 진핵생물eukaryote[9]이 되는, 세포핵을 가진 유기체였다. 진핵생물의 세포인 진핵세포는 원래 공생적이었던 유기체들의 집합체였다. 이 유기체들은 숙주에게 워낙 이로웠기에 훗날 엽록체나 미토콘드리아 같은 세포기관이 된다. 즉 최초의 진핵생물들은 단세포 유기체였다. 이들은 다세포 유기체를 이루는 데 일종의 건축 자재가 되었고, 지금의 모든 동물과 식물은 다세포로 이뤄지게 된다. 다세포가 생겨난 후로 한 개체의 세포들은 전문화되었다. 그 배경을 살펴보면 다세포 진핵생물은 다른 여러 세포 유형이 모여 사는 군체다. 각 세포는 전체를 이롭게 하는 임무를 맡는데 이는 전체를 이롭게 하면 각 세포도 이로워지는 것이라는 조건에 따라 수행하는 것이다. 이처럼 협동은 자연에서 경쟁에 못지않게 중요한 힘이며, 자연선택이라는 냉혹한 게임에서 선택적 우위를 가져다준다.

적절한 영양분을 공급받을 경우, 100조 개로 추정되는 인간을 구성하는 세포 대부분이 신진대사를 하고,

---

9 핵막으로 둘러싸인 핵을 가지며 세포질 속에 여러 가지 세포 내 소기관을 지니고 있고 유사분열을 하는 세포로 이루어진 생물.

생장을 하고, 자체 분열을 할 수 있다. 각 세포가 독립적인 세포라고 해도 충분할 정도로 거의 완벽한 능력을 갖추고 있지만 보다 더 큰 전체 안에 통합되어 존재한다. 말하자면 우리 인간은 전체의 더 나은 복리를 위해 협동을 이루다가 진화의 어느 순간에 생겨난 '자족적 세포들의 군체'인 것이다. 그리고 이 집합체 안에서 인간의 의식이 나타났는데, 이는 모든 부분의 합이라는 단순한 표현보다 훨씬 더 복잡하고도 새로운 속성이었다.

애초에 다세포라는 속성은 이기적임과 이타성의 기이한 혼합이었다. 각 세포는 제 역할을 잘하기 어렵게 만드는, 내부의 온갖 잡다한 임무를 전부 돌봐야 하는 부담에서 벗어났다. 예컨대 한 그룹은 소화에만 전념하는가 하면, 다른 그룹은 번식만 전문적으로 담당하는 식이다. 그리고 또 다른 그룹은 에너지 획득 혹은 광합성에 전념할 수도 있다. 이를테면 온몸에 에너지를 공급할 수 있을 정도로 충분한 햇빛을 흡수하고, 동시에 볕이 더 많이 드는 공간을 차지하기 위한 다른 유기체와의 경쟁에서 앞서기 위해 더 큰 표면적(이를테면 넓은 이파리)을 갖추는 데 집중하는 것이다.

약 4억 5000만 년 전, 개체군이 너무 조밀해지고 경쟁이 극심해진 탓에 일부 식물이 바다라는 환경을 벗어나 육지로 이동했다. 죽지 않고 조수에 휩쓸려 해안으로 밀려 올라오거나 거센 폭풍을 만나 육지로 날려온 일부 유기체들이 전보다 물은 적지만 물에 걸러지지 않은 햇빛과 이산화탄소가 풍부한 대기를 누릴 수 있는, 만만찮은 환경에 적응했다. 여기까지가 2막이다.

* * *

초기의 식물들은 육지로 퍼져나가면서 풍부한 햇빛을 누릴 수 있었다. 그러나 바다 환경으로부터 멀어져 더이상 용해된 광물이나 원소, 작은 분자를 함유한 물속에 머물 기회가 없었다. 이산화탄소는 공기에서 뽑아 써야 했으며, 광합성을 위한 영양분과 미량원소, 물도 찾아내어 흡수해야 했다. 땅에는 먼지, 모래, 자갈, 진흙은 있었으나 지금의 보통 흙과는 달랐다. 수십만 년에 걸쳐 숱한 세대의 육생식물들이 살고 죽은 뒤에야, 또 바위를 뒤덮고 있던 활성 없는 표면에 어렵게 얻은 광물들과 분자들이 더해져서야 지금의 흙이 만들어졌다. 몇백만 년이 더 흐른 뒤 땅 위의 식물들은 지구상에서 일어나는 광합성의 절반을 담당하게 되었다.

이제 흙과 물웅덩이로 뒤덮인 땅 위로 식물들이 채

워진 풍경 속에 태양 한 줄기를 차지하려는 싸움이 격해지기 시작했다. 다윈식으로 말하면 경쟁은 공격성과 혁신, 생존을 위한 내부 투쟁을 추구한다. 햇빛을 더 잘 받아들이는 새로운 방법을 발견한 개체들은 그러지 못한 형제들을 제치며 생존했다. 다윈은 이를 '생명의 위대한 투쟁**the great battle of life**'이라 불렀다. 그는 『종의 기원』에서 경쟁이 가장 극심한 것은 '자연 경제에서 거의 같은 장소를 차지하고 있는 동류 사이'라고 말했다. 달리 말해 자연에서 벌어지는 최악의 전쟁은 언제나 형제 혹은 부모자식 간의 내전이다. 모든 이점이 억눌리고, 모든 약점은 이용된다. 다윈은 설명한다. '모든 유기체는 (…) 생의 어떤 시기에, 한 해 중 어느 계절에, 각 세대에 혹은 간격을 두고 생존을 위한 투쟁을 해야 하며 엄청난 파괴를 겪어야 한다.' 같은 식물 종으로 가득한 들판에서 다른 개체보다 좀 더 잘 자란 것들은 그들의 형제를 희생시킨 대가로 번성했다는 것이다.

2억 3500만 년 전 시작된 석탄기 이전 어느 때, 땅에 침입한 종 가운데 일부 개별 후손들이 어쩌다 땅에서 우뚝 솟아올랐다. 그리고 형제들의 햇빛을 가로채며 번성하기 시작했다. 바람이나 파도에 넘어가지 않기 위해, 또 성공을 흉내 내려 안달인 다른 식물에 밀려 쓰러지지 않고 더 번성하기 위해 그들은 강인한 줄기와 단단한 뿌리를 키워나가야 했다.

그래서 그들은 나무가 되어야 했다.

숲에서 해안가로 오게 된 더글러스퍼

자이언트세쿼이어 같은 일부 식물의 씨앗은 잿더미가 된 흙을 더 좋아하는 반면 더글러스퍼의 씨앗은 부드러운 표토의 질소와 기타 영양분이 회복될 때까지 몇 년간 잠자며 기다린다. 질소는 생명에 필수적인 원소다. 핵산과 단백질의 성분이며, 인체의 2퍼센트를 이루고, 공기의 78퍼센트를 차지한다. 그런데 흙에는 100만 개 요소 중 다섯 개 정도밖에 없다. 이렇게 낮은 질소 비율은 식물의 생장을 제한하는 가장 큰 요인이다. 태평양 연안의 가파른 산비탈에 끊임없이 내리는 비는 얇은 표토에 있는 질소 같은 영양분들을 쉽게 쓸어가버린다. 질소는 그다지 잘 반응하는 원소가 아니기 때문에 유기체가 이를 이용하려면 생명 작용을 통해 암모니아나 산화질소로 전환되어야 한다. 이런 전환을 질소고정nitrogen fixation이라 한다.

숲에서는 낙산균clostridium butyricum이라는 박테리아가 공기 중의 질소를 뽑아서 흙 속에 고정시킨다. 이 박테리아는 섭씨 82도 이상의 온도에서 파괴되는데 지표면에 난 불이면 이 정도 온도는 간단히 넘어선다. 이런 지표면에 더글러스퍼의 씨앗이 누워 잠자고 있는 경우가 많다. 저명 생태학자 크리스 메이서Chris Maser는 저서 『태고의 숲Forest Primeval』에서 불이 난 뒤 낙산균이 표토층 윗부분에 다시 들어서는 은밀한 경로를 추적했다.

지표면 아래 깊숙한 곳에는 숲속의 다양한 곰팡이가 덩어리를 이뤄 생겨난 송로버섯이 불에 견디고 살아남는다. 낙산균은 효모의 홀씨와 함께 송로버섯의 표면에 서식한다. 한편 북미에서 가장 널리 퍼진 설치류인 사슴쥐peromyscus maniculatus는 아무것이나 잘 먹는 식성을 가졌다. 씨앗을 선호하긴 하나 견과류나 베리류, 곤충의 알, 애벌레, 버섯 등을 마다하지 않는다. 씨앗을 특히 많이 모아두는데 이는 자기 영역에 대한 애착이 강해서 화재 같은 사고로 쫓겨났다가도 제자리로 다시 돌아가는 경향이 있다는 뜻이다. 하지만 불은 모아둔 씨앗을 비롯해 사슴쥐가 평소 먹는 것의 상당량을 삼켜버린다. 그러면 그들은 밤에 허둥지둥 돌아다니며 송로버섯을 마구 먹어치운다. 그러는 동안 내내 소화되지 않은 낙산균이 가득한 똥을 눈다. 이를 메이서는 다음과 같이 설명했다. "그리하여 불에 타버린 흙은 송로버섯 홀씨를 운반하는 숲속의 작은 포유류들 덕분에 거의 바로 되살아난다." 이때 '거의 바로'라는 말은 과장일 수는 있으나 거짓은 아니다. 사슴쥐를 비롯한 두더지, 다람쥐와 같은 다른 작은 동물들이 생명력을 잃은 나무 재를 서둘러 비옥한 흙으로 되돌려준다. 하지만 얼마 되지 않는 식충동물과 설치류의 똥만 있어도 큰불이 난 뒤 50년에서 100년이 지나면 숲의 나무들은 완전히 되살아날 수 있다.

사슴쥐는 크고 영양분으로 가득 차 있는 더글러스퍼 씨앗도 즐겨 먹는다. 그런데 이 씨앗은 빈터에 오래 놓여 있으면 눈에 잘 띄지 않는다. 그렇게 더글러스퍼 씨앗 하나가 운 좋게 살아남았다. 숲에서는 100년에 한 번 날 만한 불로 피어난 연기 때문에 대기 중에 먼지 입자가 가득하다. 이 입자들은 곧 작은 물방울의 핵이 된다. 큰불이 난 며칠 뒤 골짜기에 비가 쏟아져 상당량의 재가 녹아 흙 속으로 스며든다. 빗물은 개울을 가득 채워 불에 탄 곳에 있는 수많은 씨앗을 아래로 쓸어가버린다. 그중 상당수는 바다로 흘러 들어가 분해되어 해양생물의 먹이가 된다. 하지만 우리의 운 좋은 씨앗은 시냇물이 무너진 바위 주변에서 갑자기 굽이치는 바람에 생긴 조그만 역류에 붙잡혔다가 소용돌이에 휩싸여 범람원으로 흘러 나간다. 그리고 개울물 줄기가 사라질 때 자리를 잡는다. 내리는 비는 땅을 씻겨줄 뿐 아니라 하늘을 맑게 해준다. 구름이 흩어진 뒤 태양이 나타나 빗물을 모두 말린다.

지구가 태양 주변의 궤도를 따라 맴돌면서 계절도 바뀐다. 점차 기온이 떨어지면서 비는 눈으로 변한다. 이제 더글러스퍼 씨앗은 11월부터 4월 초까지 눈이 강수량의 대부분을 차지하는 시기에 놓인다. 눈은 골짜기를 메우고, 숲에 상처 난 잔해들을 덮는다. 이제 검은빛을 띠는 것이라곤 서 있는 키 큰 돌들, 그리고 그 아래에 남아 있는 쓸 만한 목초지를 바삐 찾아 헤매던 고라니와 흰꼬리사슴의 작은 발자국뿐이다.

태고의 숲이 자라던 때 이야기

빙하기가 끝나고 지구 땅덩어리의 50퍼센트 이상은 숲이 되었다. 산이나 툰드라, 목초지, 스텝(온대초원), 사막이 아닌 것은 전부 나무로 덮였다. 열대우림, 온대활엽수림, 북방침엽수림까지 전 세계 숲은 1억 2500만 제곱킬로미터의 면적을 차지했다. 지구는 초록별이 되었다. 온

나무가 대기의 온실가스를 빨아들였고, 그 대신 생명을 주는 산소를 내놓았다. 또 흙에 영양분과 질소를 보태어 농업이 가능하게 했다. 숲이 없었다면 지구에 사는 동물은 아직도 바다에 주로 살았을 테다. 그랬으나 인간의 활동으로 오랫동안 이어져 온 숲 가운데 극히 일부만 그대로 남게 되고, 그런 숲이 품고 있던 종의 다양성에 대해서는 별로 알려진 바가 없게 되었다. 어떤 척추동물, 곤충, 식물, 진균류, 미생물이 살기 위해 그 옛날에 자라나던 나무들에 의존했을까? 본래의 복잡한 숲 군락 대신에 농경지나 제2, 3의 어린숲으로 대체되면서 날씨 패턴이나 침식, 바람, 태양의 작용은 어떻게 바뀌었을까? 남미와 오스트레일리아, 뉴질랜드, 아시아, 유럽에서 이뤄진 연구는 태고의 숲과 그 안팎에 살았던 종들의 뚜렷한 특징을 21세기에 이르러도 거의 밝혀내지 못했다. 그러는 사이 막강한 현대 기술, 폭발적인 인구 증가로 생긴 엄청난 수요, 소비, 세계화 경제가 아직 발견되지도 않은 종들을 마구 멸종시키고 있다.

유럽인들이 북미 북서해안에 도착하기 전만 해도, 더글러스퍼 숲은 산지와 해안지대 77만 제곱킬로미터를 뒤덮고 있었다. 브리티시컬럼비아 중부에서부터 남쪽으로 멕시코에 이르기까지, 동부의 캐스케이드 산맥에서부터 남쪽으로 윌래밋·새크라멘토 계곡에 이르기까지 그리고 코스트 산맥을 넘어 거의 태평양 연안에 이르는 곳까지 장대하게 우거져 있었다. 이 연안 부근에 가면 시트카가문비나무, 미솔송나무, 레드우드**coastal redwood**[10]가 더글러스퍼와 해안 사이를 차지하고 있다. 여기서 더글러스퍼 숲은 비교적 젊은 생태계다. 약 1만 1000년 전, 위스콘신 빙하기 말미에 아북극에서 온대성으로 바뀐 기후가 거대한 활엽수림을 동쪽으로 밀어버렸다. 이로써 서부 겨울은 따뜻하고 강수량이 많으며 여름은 건조해져 침엽수가 살기에 더 적당해졌다. 이때 제일 먼저 옮겨온 종이 로지폴소나무였다. 이 나무는 날씨가 충분히 따뜻해지기까지 수천 년 동안 그 일대에서 가장 흔한 종이었다. 그러다 더글러스퍼가 높다란 수관, 두터운 껍질, 촘촘한 바늘잎으로 점차 풍경을 지배하면서 그 일대를 차지했다. 그러면서 이전에 있던 다른 나무들(북쪽의 미삼나무와 미솔송나무, 저지대와 골짜기의 태평양주목**Pacific yew**과 그랜드전나무**Grand fir**, 남쪽의 폰데로사소나무**Ponderosa**, 시트카가문비나무, 사탕소나무**Sugar pine**, 탠오크**Tan oak**, 태평양마드론**Pacific madrone**)을 모두 제쳐버렸다. 이런 온대우림들

---

10 세계에서 가장 키가 크고 장엄한 나무.

은 지구상의 그 어느 생태계보다도 많은 제곱킬로미터당 바이오매스biomass[11]를 이루는 데 기여했다. 지구 전역에 걸쳐서 나무는 그들이 마주하는 독특한 기후적 · 지리적 · 생태적 조건을 이용하여 생존해나가는 다양한 전략을 만들어냈다.

더글러스퍼는 그중 개척자 역할을 했다. 아무도 살지 않는 곳으로 민첩하게 옮겨가 개척을 이루는데, 되도록 다른 종에 그늘을 드리울 정도로 크게 자라서 쫓아내는 식이다. 그러면 그보다 작고 그늘에 더 잘 견디는 종들은 한동안 이 나무의 가지 아래에 보금자리를 마련할 수 있다. 몇 년에 한 번씩 숲을 정리해주는 고마운 불이 바닥에 있는 죽은 나무나 키 작은 덤불을 없애주면 그 자리에 어린 더글러스퍼가 잘 자라나 번성을 이룬다. 아이러니한 것은 그보다 작은 나무들, 즉 미송나무나 삼나무, 전나무도 모두 개척자 역할을 하는 종이라는 사실이다. 이들은 끈기 있게 때를 기다리고 있다가 거대한 나무들이 뿌리에 비해 몸집을 키우다 쓰러지면 그 영역을 차지한다.

---

11 어떤 환경 내에 존재하는 생물의 총수 또는 에너지원으로 이용되는 식물 등의 생물체.

19세기 자연작가 존 뮤어**John Muir**는 더글러스퍼를 기술한 최초의 식물학자였다. 그는 이 나무를 더글러스 가문비나무**Douglas spruce**라 불렀는데 이는 분류상으로 문제가 있는 명명이다. 더글러스퍼는 전나무**fir**도, 가문비나무**spruce**도, 소나무**pine**도 아니다. 그래서 영문명에 하이픈(-)을 붙인다. 이 나무의 학명인 '슈도츠가 멘지시'[*Pseudotsuga menziesii*]도 썩 도움 되지 않는다. 슈도츠가는 '가짜 솔송나무'라는 뜻이고, 멘지시는 알렉산더 멘지스**Alexander Menzies**의 성을 딴 것이다. 멘지스는 조지 밴쿠버**George Vancouver** 함장의 디스커버리호에 함께 탔던 왕족 식물학자로, 이 배가 북미 서해안을 항해할 때 더글러스퍼의 묘목을 채집한 사람이다.

뮤어는 더글러스퍼에 대해 "내가 여태껏 그 어떤 숲에서도 보지 못했던 웅대한 가문비나무이며 주요 소나무과 삼림대 전역에서 번성하는 거대한 나무 가운데 가장 크고 오래 사는 것 중 하나다."라고 했다. 남부 캘리포니아 출신인 그의 눈에는 더글러스퍼로 우거진 오리건 숲이 너무나 울창하고 짙어 보였을 것이다. 나무들이 서로 멀찍이 떨어져 있는데도 '숲 바닥의 20퍼센트 가까운 면적에 한낮에도 볕이 들지 않는' 시에라 고지대의 더글러스퍼와 설탕소나무 숲은 천국 그 자체였다. 뮤어는 이렇게 묘사했다. "이 웅장한 가문비나무는 따스한 여름 햇살뿐 아니라 산바람과 눈도 반기며, 수세기에 걸쳐 1천 번도 넘는 폭풍을 맞고도 사라지지 않은 젊은 생기를 간직하고 있어 더욱 아름답다." 그 시절, 더글러스퍼 숲은 태고의 숲을 이루고 있었던 것이다.

유럽인들이 오기 전에 북미에 얼마나 많은 사람이 살고 있었는지는 아무도 모른다. 그러나 고고학과 DNA의 증거에 따르면 콜럼버스가 히스파니올라Hispaniola 해변에 처음으로 교수대를 세우기 전부터 북미에는 인구가 조밀했고 역사가 풍부했으며 문화가 다양했다. 현재의 추산으로는 14세기의 북미 인구가 당시 유럽 인구와 거의 맞먹는 8000만 정도까지 되었다고 한다. 당시 북미 북서해안에는 지금과 같은 이유로 상당히 많은 사람이 살고 있었다. 날씨가 온화했고 고기잡이가 훌륭했으며 숲에는 동식물이 풍부했다. 특히 산은 대륙 내 다른 지역의 간섭을 막아주었다. 빙하시대에 얼음에 덮이지 않았던 해안의 섬이나 동굴에서 나온 최근의 고고학적 증거를 보면 이들의 조상은 당초 추측처럼 베링육교를 건너 산을 넘어온 것이 아니라 그보다 훨씬 이전에 배를 타고 왔다고 한다. 아마도 오스트레일리아 원주민들이 건너온 것과 같은 폴리네시아 섬에서 온 것으로 본다.

즉 바다에서 왔다는 것이다.

우리의 운 좋은 더글러스퍼 씨앗을 잊지 말자. 이 씨앗이 돌과 여타 부스러기들이 널린 곳 근처 가려진 자리에서 햇볕을 듬뿍 쬐고 있을 무렵, 아즈텍제국은 지금의 멕시코시티로 알려진 수도 테노치티틀란을 세우고 있었다. 북미 북서해안에 그런 거대도시를 만들 계획은 없었으나 인구가 분산되지 않았다. 북쪽의 밴쿠버섬 북부와 남쪽의 컬럼비아강 사이 저지대에 거주했던 코스트살리시족Coast Salish은 각각 300명 정도 되는 작은 씨족마을을 이뤄 강에서 연어를 낚거나 바닷가에서 조개와 굴을 캐거나 각 마을을 교역센터로 무역하는 생활에 의존했다. 작은 규모의 마을이지만 각각 100가구 정도가 살 정도로 그 수가 많았다. 그들은 나무를 즐겨 사용했고 소중히 여길 줄 알았다. 미삼나무로 참호나 일자형 공동주택, 무덤 기념물을 만들기도 했는데, 이 나무 역시 상당히 크지만 더글러스퍼에 비해 쓰러뜨리고 깎기가 쉽다. 원주민들에게 아마 그보다 더 중요한 건 바다 바로 곁에서도 자란다는 점이었다. 또 여름이면 이 나무의 껍질로 만든 옷을 지어 입었다(폴리네시아 사람들처럼 말이다). 세계 어느 지역의 사람이든 다 그렇듯, 토착 해안 문화를 이루고 살던 이 사람들은 자기 영역 안에 있는 나무들을 예리하게 관찰했고 그 쓰임새를 발견해냈다. 그들은 가문비나무 뿌리로 바구니를, 삼나무로 시신을 옮기는 장대를, 오리나무 가지로 연어 굽는 땔감을, 가문비나무의 수지로 상처에 바르는 연고를 만들어 썼다.

1836년에 미국 소설가 워싱턴 어빙Washington Irving은 코스트살리시족과 가볍게 접촉한 경험을 이렇게 기록했다. "그들은 관대하고 전능한 영靈인 만물의 창조주에 대해 알고 있었다. 창조주를 여러 다양한 모습으로 묘사했는데 주로 어마어마하게 큰 새의 모습이다." 이 새는 화가 나면 눈에서 번갯불이 번쩍했고, 날개에서 천둥소리가 쿵쾅거렸다. 그들은 또 두 번째의 신성에 대해서도 이야기했는데 이는 그들이 특별히 두려움을 느낀 불과 관련된 것이었다.

원주민들이 말한 '어마어마하게 큰 새'는 큰까마귀raven였다. 이 큰까마귀는 일종의 날아다니는 코요테로, 모습을 잘 바꾸는 트릭스터Trickster[12]였다. 하이다족Haida 이야기꾼이자 미술가인 빌 리드Bill Reid나 시인이자 번역가인 로버트 브링허스트Robert Bringhurst의 말에 따르면

---

12 신화에 종종 등장하는 초자연적 존재로, 주술이나 장난으로 말썽을 잘 일으킨다.

큰까마귀는 '만물이 생겨나기 전부터, 대홍수가 온 땅을 휩쓸고 물러가기 전부터, 동물들이 땅 위를 돌아다니고 대지를 뒤덮은 나무들 사이로 새가 날아다니기 전부터' 이미 존재했다고 한다. 이 큰까마귀는 빛을 훔쳐다가 하늘에 주었다. 또 비버에게서 연어를 훔쳐다가 바다로 흘러가는 강에 주었다. 대홍수가 잠잠해지자 거대한 조개껍데기 속 모래 안에 깃털도, 부리도 없이 두 개의 다리를 가진 채 누워 있는 조그마한 동물 한 무리가 발견됐다. 큰까마귀가 이를 보고 까악까악 울자 그들은 처음 보는 빛 때문에 눈을 깜빡이며 조개껍데기 밖으로 허둥지둥 나왔다. 이들이 바로 최초의 인간들이었다.

큰까마귀와 홍수에 관한 고대 바빌로니아의 이야기도 있다. 바빌로니아의 노아인 우타나피시팀**Utanapishitim**은 대홍수가 나자 방주를 지었다. 그리고 물이 좀 가라앉고 있는지 살피기 위해 비둘기와 제비를 차례로 내보내 육지를 찾아보게 했다. 내려앉을 땅을 찾지 못한 두 새는 방주로 돌아왔다. 우타나피시팀은 마지막으로 큰까마귀를 날려 보냈는데 이 새는 돌아오지 않았다. 우리는 그 이유를 안다. 큰까마귀는 북미 북서해안의 어느 해변에 내려앉은 다음 조개껍데기 안에 있던 최초의 인간들을 꾀어 밖으로 나오게 하느라 바빴던 것이다. 이들이 바로 바다에서 왔다는, 북미 서해안 최초의 사람들이었다.

운 좋은 씨앗에게 생긴 친구

눈이 녹자 우리의 운 좋은 씨앗 밑에 있는 흙이 따뜻해지면서 그 속의 생명이 약동하기 시작한다. 씨앗의 친구가 생긴 것이다. 바로 최초의 꽃식물이 흙 속에 들어섰다. 2색 층층이부채꽃Bicolored lupine은 불에 탄 곳 인근 비탈 더 위쪽에서 자라기 시작한다. 우리의 씨앗이 있는 곳은 위쪽에 비해 덜 탔기 때문에 주변 흙의 질소가 그리 부족하지 않았다. 다행히 층층이부채꽃은 질소가 부족한 땅에서도 잘 자란다. 그 옆에는 더 흔한 분홍바늘꽃Fireweed도 있다. 이 풀은 약 1.5미터 크기의 식물로, 불과 얼음 모두 좋아한다. 그래서 훨씬 북쪽에 있는, 빙하가 물러간 뒤 젖은 자갈밭을 제일 먼저 차지한다. 불이 난 뒤에 골짜기 곳곳에서 층층이부채꽃과 분홍바늘꽃이 무성하게 자라나고, 그보다 아래에 위치한 자갈밭에는 더 작고 덜 흔하며 꽃잎이 넓적한 난쟁이바늘꽃Dwarf fireweed이 자리를 차지한다. 이 풀은 키가 30센티미터까지밖에 자라지 않으나, 네 장의 꽃잎을 가진 이 분홍 꽃의 색깔은 키 큰 동류(분홍바늘꽃)의 것보다 더 짙고 강렬하다.

1888년 존 뮤어가 오리건에 있는 더글러스퍼 숲 속의 어느 빈터를 지나다 본 광경을 이렇게 쓴 바 있다. “그곳은 백합과 난초, 장미, 히스워트Heathwort 등이 가득한 매력적인 천연정원이었다. 화사한 색감의 꽃들이 너무나 곱게 피어 있어서 아무리 잘 가꾼 문명사회의 정원이라 한들 애처롭고 어리석어 보일 뿐이었다.” 이들 야생화 가운데 일부가 1300년에 우리의 씨앗 주변을 먼저 개척했으리라 추측해볼 수 있다. 그 백합은 컬럼비아백합Columbian lily이었을 수 있는데, 호랑나리Tiger lily(참나리라고도 부른다)란 이름으로 더 익숙한 이 꽃은 습한 숲과 트인 풀밭에서 흔히 볼 수 있다. 밤색 점을 가진 오렌지색 꽃잎은 6월이 될 때까지 눈에 잘 띄지 않지만 꽃자루 없는 어린 가지는 4월 말이면 흙을 뚫고 나온다. 숲나리Wood lily도 붉은빛이 섞인 오렌지색 꽃잎과 밤색 점이 있으며 이 일대에서 잘 자라는 꽃이다.

한편 난초는 식물의 군 가운데 규모가 가장 크다. 전 세계에 무려 3만 종이 넘는다. 그중 상당수는 부생식물saprophyte로, 주로 부패하는 식물을 먹고 살기 때문에 엽록소가 필요 없는 대단히 원시적인 식물군이다. 뮤어가 봤을, 사슴머리난초라고도 불리는 풍선난초Pink lady's slipper는 거대한 나무 아래 몰려 있어 항상 그늘져 있는 이끼 낀 숲 바닥에서 잘 자란다. 이 분홍빛 난초는 크고 불쑥 나와 있는 아래쪽 꽃잎으로 벌을 꾀어내 앉힌 다음 위 꽃잎으로 덮쳐 붙잡는다. 달아나려고 애쓰는 벌이 꽃밥에 부딪혀 몸에 꽃가루를 묻히게 되고, 마침내 달아나면 다른 꽃에 그 꽃가루를 옮긴다.

히스워트는 뮤어가 직접 만든 이름 같다. 진달래과를 뜻하는 히스과 식물에는 블루베리(산앵도나무속 Vaccinium), 야생 메밀Eriogonum, 베어베리Bearberry 그리고 키니키닉Kinnikinnick이라고 알려진 상록관목 같은 흔한 식물들도 있다. 키니키닉은 '혼합물'이란 뜻의 오지브웨이족Ojibway 언어인데, 이파리를 말린 다음 담배와 섞어 오랫동안 저장했기 때문에 붙은 이름이다. 이 식물의 열매를 말리고, 빻고, 연어 기름과 섞고, 튀기기도 했으니 키니키닉이란 이름은 이 일대에 살았던 코스트살리시 사람들도 알고 있었을 것이다. 뮤어는 또 하나의 진달래과 식물인 카시오페Cassiope를 묘사하면서 "대단히 호리호리하고 구불구불한 가지와 비늘 같은 이파리"를 가졌다고 표현했다. 그러면서 이 조그만 식물은 7월이면 "빙하 호수, 풀밭 주변과 거친 벌판 곳곳에 아주 예쁜 꽃의 띠를 이룬다."라고 덧붙였다. 그리고 뮤어가 언급한 장미란 일반적인 장미에서부터 야생딸기**Fragaria virginiana**, 인디언 자두**Osoberry**, 눈개승마**Goatsbeard**에 이르는 온갖 종류를 다 말하는 것이었을 수 있다. 또 장미과의 온갖 식물과 더글러스퍼 숲이 있는 서늘한 고지대에서 발견되는 모든 식물을 다 지칭했을 수도 있다.

이런 꽃식물들은 더글러스퍼 씨앗에게 별로 해롭지 않다. 우리의 씨앗이 묘목 정도의 크기로 자랄 때에는 그늘이 너무 많으면 좋지 않겠지만 씨앗인 지금은 뜨거운 햇볕을 어느 정도로 가려주면 좋다. 다른 모든 종류의 나무 씨앗과 마찬가지로 우리의 씨앗도 나무로 자라나는 데 필요한 모든 것을 이미 품고 있다. 구과에서 빠져나오기 전에 이미 수정을 마쳤으며, 필요한 겨울 동안의 휴면 상태도 이미 견뎌냈다. 생명의 신진대사 과정을 수행하는 데 필요한, 축적된 모든 유전 정보를 품고 있는 이 씨앗은 희망 그 자체다. 일단 뿌리를 내리면 그 자리에서 살아남기 위해 필요한 모든 것을 얻어내야 한다. 공기로부터는 이산화탄소를, 흙으로부터는 물과 여러 원소를, 태양으로부터는 빛을 끌어와야 한다.

우리의 씨앗은 방아쇠를 당기기 직전의 권총처럼 흙 위에 누워 있다. 단단한 씨껍질로부터 보호받으며 배젖으로 둘러쌓인 어린뿌리와 자라서 줄기가 되는 배축 그리고 다섯에서 일곱 개의 떡잎을 준비했다. 배젖과 떡잎 안에 탄수화물 형태의 식품 저장고를 가지고 있어 막 싹을 틔운 후 예측할 수 없는 처음 며칠의 시간을 견뎌낼 수 있다. 이 저장고는 씨앗이 묘목이 되어 광합성을 시작할 수 있을 때까지 자라는 데 필요한 자양분이 되어줄 것이다.

골짜기에 봄이 찾아올 때쯤 큰까마귀 두 마리가 어느 건강한 더글러스퍼에, 그것도 씨앗이 있는 곳보다 높은 위치에 거처를 마련하고 자주 개울로 날아가 물을 마신다. 큰까마귀는 한없이 매혹적인 존재다. 까마귀, 어치, 까치를 모두 포함하는 까마귀과 중에서 가장 큰 종류로, 날개폭이 1미터가 넘어서 웬만한 매보다 더 크다. 큰까마귀는 나무의 눈**bud**을 비롯해 온갖 것을 다 먹지만 고기를 제일 좋아한다. 다른 새의 둥지에 있는 알이나 새끼를 훔치기도 하는데, 특히 물가에 사는 새들의 군락을 잘 공격한다. 돌아다니는 사슴쥐 한두 마리를 낚아채기도 한다. 바닷가나 강가를 아주 오랫동안 오가면서 물에 쓸려오는 모든 생물을 낚아채버린다. 가을에는 연어가 올라오는 길을 지키고 있다가 대머리독수리를 밀쳐내기도 하고, 에너지와 영양분이 가득한 물고기 알을 찾기 위해 부리로 돌을 들춰보기도 한다. 한편 절벽 끄트머리나 제일 키 큰 나무 위로 나뭇가지를 나른 다음 별로 단정치 못한 둥지를 튼다. 그곳이 더글러스퍼 숲이었으면 나무의 높이가 정말 아찔하지만 큰까마귀는 언제나 매서운 눈초리로 먹이가 있는 땅바닥을 쳐다본다. 목이 쉰 듯한 거슬리는 울음소리는 놀랍도록 다양한 오페라 레퍼토리 같다. 꼬꼬 하고 우는 소리도 있고, 구슬픈 통곡도 있으며, 루이 암스트롱이 빙 크로스비의 노래 스타일을 흉내 내는 것 같이 갑자기 아름답고도 선율 고운 소리를 내기도 한다.

분명 제일 시끄럽긴 하지만 골짜기에는 큰까마귀 소리만 들리는 게 아니다. 이들은 오케스트라의 금관악부 역할을 맡고 있다. 그보다 더 섬세한 음은 황무지말똥가리**Swainson's thrush**, 청회색머리솔새**Solitary vireo**, 노랑솔새**Yellow warbler** 그리고 그 밖에 봄이면 돌아오는 새들이 담당한다. 노랑솔새는 알래스카 변종(북미황금솔새과 **Dendroica petechia rubiginosa**)으로, 알류샨 열도와 알래스카 팬핸들 지역으로 가는 도중에 이 숲을 지나가는, 대단히 잘 지저귀는 북방의 아종 중 하나다. 이 새는 신경이 예민해진 관광객들처럼 먹는다. 트인 공간이나 커다란 나무를 피해 개울가나 불탄 뒤 다시 초목이 돋아나는 곳 언저리에 있는 키 작은 활엽수 덤불에서 먹이를 찾아다닌다. 또 이들은 폴짝폴짝 뛰어다니거나 맴돌면서, 환상적일 만큼 빠른 속도로 진드기목인 점박이응애Spider mite를 낚아채면서, 또 햇살 속에서 연노랑 빛깔로 가물거리면서 나뭇가지 주변을 왁자지껄한 소리로 채운다.

마치 시조새의 깃털을 마술처럼 복원한 것 같이 놀라울 정도로 많이 닮은, 흰색과 검은색이 섞인 도가머리딱따구리Pileated woodpecker는 목수개미를 대단히 좋아하는 모습을 보이는가 하면 나무좀도 마다하지 않고 먹는다. 나무좀은 동부에선 무시무시한 네덜란드 느릅나무병Dutch elm disease을 옮기는 곤충류로, 이곳에서는 더글러스퍼 좀벌레라는 악명으로 불린다. 불에 살짝 탄 건강한 더글러스퍼를 특히 좋아하는 검고 반짝이는 딱정벌레 종류다. 암컷은 봄이 되면 나무의 껍질을 뚫고 부름켜 안으로 파고든 다음, 속을 먹어치우며 50센티미터쯤 되는 기다란 방을 만든 후 알을 낳는다. 몇 주가 지나면 알을 깨고 애벌레가 나와서 나무 속을 마구 먹어치우며 새로운 기다란 방들을 만들어내다가 가을이 되면 다 자라서 밖으로 나온다. 도가머리딱따구리가 긴 발톱으로 나무 껍질을 붙잡고 꼬리로 몸을 떠받치고서 벌레들이 갉아먹는 소리를 들으려는 듯 고개를 갸우뚱한다. 그중에 납작머리나무좀Flatheaded fir borer을 찾으려 유심히 살핀

도가머리딱따구리는 나무에게서 먹이를 얻는다.
덕분에 나무는 위험으로부터 안전해진다.

다. 이 벌레의 암컷은 나무속으로 파고들지 않고 나무 껍질 틈 속에 알을 낳는데, 풍뎅이를 닮은 이 벌레의 검은 구릿빛 몸이 햇볕에 반짝이는 순간 딱따구리에게 쉽게 포착되기 때문이다.

식물을 이해하기 시작한 사람들

고대 그리스인들은 나무를 보며 눈에 보이는 것 이상의 무언가가 있다고 짐작했다. 그런 관찰 기록을 남긴 사람 중 하나가 테오프라스토스Theophrastus다. 그는 스웨덴 식물학자 카롤루스 린네Carolus Linneaus가 '식물학의 아버지'라고 부른 사람이다. 기원전 371년 레스보스섬에 있는, 지금은 미틸레네Mytilene라고 부르는 곳에서 태어난 테오프라스토스는 어릴 때 플라톤에게서 가르침을 받기 위해 아테네로 갔다. 아리스토텔레스가 죽자 그는 리시움Lyceum과 그곳의 방대한 식물원뿐 아니라 아리스토텔레스의 사설 도서관(그리스에서 가장 컸다고 한다)까지 물려받았다. 그가 쓴 227개의 논문과 두 권의 책 『식물지Historia Plantarum』, 『식물의 본원De Causis Plantarum』에 나오는 정보 가운데 상당 부분은 식물의 생리와 기능, 중요성에 관한 아리스토텔레스의 관찰을 정리한 게 거의 확실하다고 한다.

테오프라스토스는 아리스토텔레스의 관찰을 발전시키고 확대했다. 마주치는 정보는 어떤 것이든 믿음의 차원에서 무조건 받아들이는 일이란 없이 반드시 면밀히 관찰부터 했다. 그것이 가장 미천한 리조토미**rhizotomi**(아테네 약사들에게 약초를 공급하는 사람들)의 정보든, 스승에게 배운 것이든 마찬가지였다. 예를 들면 아리스토텔레스는 나무가 해를 입더라도 계속 살아 있는 것은 나무의 모든 부분에 있는 생기력**vital principle** 같은 것 때문이라고 추측했다. 그리고 이러한 보편적인 생명력 때문에 나무는 언제나 '일부는 죽어가고, 일부는 태어나고 있는' 것으로 생각했다. 여기서 알아야 할 점은 아리스토텔레스에게 나무란 철학적인 개념이었다는 사실이다. 그는 특정한 나무에 대해 이야기한 것이 아니라 플라톤의 동굴의 벽에 가물거리는 이데아적 나무**Ideal Tree**의 그림자를 말한 것이었다. 말하자면 그는 '현장과학자'라 불릴 만한 사람은 아니었던 것이다.

반면 테오프라스토스는 그런 사람이었다. 그는 밖으로 나가 여러 식물을 살펴봤다. 식물들을 파내어 뿌리를 뜯어 살폈으며 씨앗과 열매를 해부하기도 했다. 그리고 식물을 세 범주로, 즉 교목tree과 관목shrub, 초본식물herbaceous plant로 나누었다. 또 그는 산악지대에서 자라는 나무들(전나무, 노니, 가문비나무, 호랑가시나무, 회양목, 호두나무, 밤나무 등)이 있고, 저지대와 평원을 더 좋아하는 나무들(느릅나무, 물푸레나무, 단풍나무, 버드나무, 오리나무, 포플러 등)도 있다는 사실을 언급하기도 했다. 테오프라스토스는 소나무와 전나무가 볕 좋은 남향 비탈에서 잘 자라는가 하면, 활엽수는 산지의 그늘진 경사면에서 잘 자란다고 믿었다. 또 서늘한 곳에서 자라는 낙엽수는 줄기가 갈라지지 않으면서 곧은 반면, 볕이 잘 드는 곳에서 자라는 것들은 바닥 부분에서 두세 갈래로 나눠지는 경향이 있다는 사실을 알아냈다.

그는 상처를 입어도 스스로 치유하는 나무의 능력에 대해 아리스토텔레스의 생기력 개념을 받아들이기는 했지만 그 힘이 나무의 여러 부위로 어떻게 전달되는지를 구체적으로 연구하기도 했다. 그래서 뿌리는 병을 얻어오는 부위로 여겼고, 줄기는 영양분이 잎으로 전달되는 관으로 보았다. 다만 잎은 어떤 유용한 목적이 있는지 알아낼 수 없었으며, 그것이 제대로 된 기관인지 혹은 단순한 부속물에 불과한지 궁금해했다. 그러면서도 잎의 유형에 따라 종을 구분하거나 보기에는 다른 식물들을 같은 속으로 묶는 등 잎에 대해 수백 가지 기술을 하며 종을 이명법[13]으로 분류했다. 또 씨앗의 발아와 묘목의 생장에 관해서도 썼는데, 먼저 씨껍질 안에서 어린뿌리가 움직이기 시작한 다음 줄기가 큰다는 사실을 정확하게 밝혀냈다. 테오프라스토스는 제대로 관찰하는 진정한 현장과학자였으며, 당시 그가 식물형태학에 대해 알아낸 것들은 지금은 누구나 다 아는 것이거나 이보다 더 많을지도 모른다. 식물학 분야에서 그의 권위는 중세와 그 이후까지 이어졌다. 바로 이 무렵, 우리의 씨앗은 생명 활동을 시작하고 있었다.

그리스 식물학 분야에서 두 번째로 위대한 이름은 디오스코리데스Dioscorides다. 예수와 비슷한 시절에 지중해 연안에 있는 실리시아에서 태어난 그는 로마군대의 군의관으로 활동했으며, 서기 50년엔 아마도 이집트에 있으면서 지금은 유실된 알렉산드리아 도서관을 다녔던 것 같다. 그가 남긴 유일한 저작인 『약물지De materia medica』에는 600종이 넘는 식물의 약효가 다뤄져 있다. 테오프라스토스가 쓴 학술적인 저작과 달리, 의사와 일반인들을 위한 안내서 역할을 한 듯하다. 디오스코리데

---

13 학명을 붙일 때 속명을 붙인 다음 종명을 붙이는 명명법.

스는 사람들에게 약초의 조제와 용법에 대해 알려주면서도 식물이 왜 치유력을 가졌는지에 대해서는 그다지 관심을 쏟지 않았다.

디오스코리데스의 약초 처방 가운데 상당수는 오늘날에도 쓰이고 있다. 아몬드 기름이나 알로에, 벨라돈나Belladonna, 칼라민Calamine, 생강, 두송자Juniper, 마조람Marjoram, 아편 같은 것들이 그렇다. 그의 저작은 17세기까지도 약초 치료 분야에서 최고의 권위를 차지했다. 그가 기술한 식물들을 쉽게 볼 수 없었던 북유럽의 의사들 사이에서도 그 권위를 인정받았다. 『약물지』가 의학 분야에서 차지한 위상은 성경이 종교 교리에서 차지한 수준과 비슷할 정도였다. 다양한 라틴어 번역본이 있었던 이 책은 주요한 참고서로 사람들이 언제나 찾는 것이었다. 1300년에 이탈리아 자연사학자 피에트로 다바노Pietro d'Abano가 파리에서 디오스코리데스에 대해 강의한 바 있는데, 파두아로 돌아온 그는 모든 자연 현상의 자연적 원인을 찾으려 하던 디오스코리데스의 집착을 열렬히 지지했다. 얼마나 열렬했던지 예수 탄생의 기적성에 대한 의문 때문에 이단으로 고발당하기도 했으나 재판이 열리기 전에 죽고 말았다. 그의 운명은 과학과 종교 사이의 간극이 점점 커지고 있음을 보여줄 뿐 아니라 식물에 관한 단순한 연구가 전혀 무관해 보이는 분야에 중대한 영향을 미칠 수 있음을 보여준다. 다바노는 1315년에 죽었는데 그로부터 40년이 지난 때 그의 저작들이 유죄 선고를 받게 되고 시신은 무덤에서 끌려나와 불태워졌다.

어느새 들꽃의 새잎 아래로 피신한 우리의 씨앗은 공기와 햇빛, 물 등 기본 원소를 흡수해 생명으로 전환하는 연금술을 시작하고 있다. 이때 필요한 것은 약간의 온기와 습기뿐인데, 북미 북서해안의 어느 남향 비탈에서 그런 온기와 습기는 봄이 왔음을 의미한다.

Tree

A Life Story

{2장} 뿌리 내리기

TAKING ROOT

나는 파도와 나무와 바람의 목소리.
강한 욕망과 맹목과
존재하기 위한 목소리.

— 찰스 G. D. 로버츠Charles G. D. Roberts, 『오토히톤Autochton』

남향 비탈 높은 곳에 우리의 더글러스퍼 씨앗이 자리를 잡았다. 이곳엔 물기와 온기, 산소가 풍부하다. 씨앗은 활발한 생명력에 둘러싸여 있다. 빛줄기에 반짝이는 먼지 입자들처럼, 숲 바닥에서 나온 벌레들이 위에서 쏟아지는 은빛 햇살을 받아 반짝반짝 빛난다. 이들이 내는 톡톡 소리가 공기를 가득 채운다. 신화에 나오는 어떤 뱀처럼 고사리가 돌돌 말린 머리를 풀고서 커다란 잎을 뻗는다. 오션스프레이Ocean spray는 싹을 틔운다. 이 풀은 3~4미터 높이까지 자랄 텐데 이들의 기다란 가지에는 벌써 향기로운 크림색 꽃들이 가득하여 축 늘어져 있다.

이제 우리의 씨앗은 완전히 잠에서 깨어나 활력이 돌고 엔진이 푸르릉거린다. 어린뿌리가 씨껍질 속에서 꿈틀거린다. 어린뿌리는 씨껍질 속에서 주공micropyle이라고 하는 작은 공간을 헤치고 밖으로 솟아오르는, 식물의 첫 부위다. 어린뿌리는 헐겁고도 질긴 뿌리골무를 끼고 있어 연약한 뿌리 끝이 거친 땅속을 슬며시 파고들 때 다치지 않을 것이다. 뿌리는 골무 바로 뒷부분에서 세포분열을 하며 자라난다. 동시에 뿌리 속 세포들은 뚜렷한 유형의 조직으로 분화한다. 가운데의 속에는 물관부xylem가 있다. 여기에는 헛물관tracheid이라 부르는, 속이 비고 길쭉한 세포들이 쌓여서 이루어진 조직이 서로 연결되어 있다. 작은 캡슐처럼 양쪽이 막힌 헛물관은 식물을 지지하고 물을 나르기 위한 조직이다. 물은 뿌리벽인 내피를 통해 물관부로 들어간다. 헛물관의 벽에 있는 구멍으로 스며든 물은 다음 헛물관을 통과하는 식으로 식물의 남은 부분으로 스며든다.

나무 속에서 물이 전달되는 방식은 아직 완전히 해독되지 않았다. 다 큰 나무는 헛물관이 뿌리에서부터 가지 끝까지 뻗어 있어 물을 땅속에서 100미터 위로 끌어올릴 수 있다. 가는 풀줄기의 경우, 물은 모세관현상에 따라 표면장력을 받은 가장자리를 타고 오를 수 있지만 이 방식으로는 물을 몇 밀리미터밖에 끌어올릴 수 없다. 물이 소금 농도가 묽은 상태에서 농도가 더 짙은 쪽으로 이동하는 삼투현상은 물이 흙에서부터 뿌리세포로 빨려 들어가는 현상을 설명해준다. 하지만 물이 어떻게 잎으로 전달되는지는 아직 미스터리다. 가장 많은 동의를 얻는 가설은 잎에서 수분이 증발되면서 그 뒷부분이 진공 상태가 되어 물관부를 통해 물이 빨려 들어간다는 것이다. 혹은 물 분자가 활발하게 밀려나가고 또 끌려들어오게 만드는 펌프장치가 있을 수도 있다. 만일 물관부에 구멍이 나면(이를테면 속을 파먹고 들어가는 벌레 때문에) 공기가 유입되어 나무의 여생 동안 물을 끌어올리는 물관부의 활동이 멈추기도 한다.

두 번째 조직 유형은 체관부**phloem**다. 물관부와 비슷한 체관부는 뿌리의 줄기를 따라 끝과 끝이 이어져 있는 체세포**sieve cell**로 이루어져 있다. 체세포는 물관부의 헛물관과 유사한 역할을 한다. 단 떡잎에 저장된(그리고 나중에는 잎에서 만들어지는) 영양분을 뿌리로 전달하고, 수분이 양방향으로 흐른다는 점만 빼놓고 그렇다. 헛물관과 체세포는 고층빌딩처럼 솟아 있는 나무를 오르내리는 엘리베이터 역할을 한다.

잠시 생명을 고찰하다

이제 우리의 더글러스퍼는 비밀스러운 생명의 단계에 접어들었다. 적어도 우리에게는 비밀스럽다. 천 년 이상을 연구했으나 아직도 나무에 대해 모르는 것이 대단히 많기 때문이다. 우선 물질적인 의문점들이 있다. 예컨대 나무가 얼마나 많은 유형의 호르몬을 분비하느냐 하는 점이다. 그런가 하면 실체가 덜한 의문점들도 있다. 나무는 독립된 개체인가, 아니면 다른 개별 식물이나 동물과 연합하여 진정한 본질을 획득하는가? 학자들은 어느 쪽이든 진실성이 있는 것으로 본다.

나무는 공동사회적이다. 때때로 공산주의적이라 할 정도다. 서로 위안이 되어서인지, 서로 보호받기 위해서인지 나무는 크게 무리지어 함께 자란다. 서로 관계(타가수분**cross-pollination**[1]을 통한 성적 관계 포함)를 맺고 무리 내 다른 나무들(같은 종뿐 아니라 다른 종까지)과 소통하기도 한다. 종종 나무는 대단히 놀라운 방식으로 전체의 이익을 위해 역할을 한다. 인간이 먹을거리를 얻기 위해 콩

---

1 서로 다른 유전자를 가진 꽃의 꽃가루가 곤충이나 바람, 물 따위의 매개로 열매나 씨를 맺는 일.

과 협력하듯 나무는 다른 종들, 말하자면 관계가 너무 멀어서 목이 다른 종들과 협력을 맺는다. 존 파울즈는 『나무』에서 이렇게 말한 바 있다. “나무는 우리보다 훨씬 더 사회적인 존재다. 그러니 고립된 표본이 있으면 자연스럽지 않다. 이는 인간이 선원이나 은둔자가 되어 외떨어지는 일이 부자연스러운 것과 같은 이치다.” 나무 한 그루는 이해하기 위해 우리는 숲 전체를 이해해야만 한다.

하지만 어떤 나무들은 외떨어진 선원이기도 하다. 1865년 마크 트웨인이 지금의 요세미티국립공원 바로 동쪽에 있는 캘리포니아의 모노호수 한가운데에 위치한 화산섬으로 카누를 저어 갔을 때, 그는 계속된 화산 폭발로 완전히 황폐해진 경치를 목격했다. “회색의 재와 속돌뿐이라 우리는 걸음을 내딛을 때마다 무릎까지 빠졌다.” 트웨인은 그보다 더 황량하고 생명 없는 지대를 본 적이 없었다. 그 섬의 한가운데에는 “재가 카펫처럼 깔려 있는, 얕고 폭이 넓은 움푹한 곳이 있고 여기저기 고운 모래땅이 있다.”라고 묘사했다. 그는 활화산의 아직도 뜨거운 김이 뿜어나오는 곳 인근에서 “섬에서 유일한 나무 한 그루를, 아주 우아한 모양의 흠 잡을 수 없을 정도로 잘 대칭을 이룬 작은 소나무를” 발견했다. 사실 이 나무는 화산 가까이에 있었기에 살 수 있었다. “김이 나뭇가지들 사이로 그칠 줄 모르고 떠다니면서 늘 습기를 머금도록 해주었기 때문"이다. 끈기 있는 생명력에 관한, 독자적인 생명력 유지에 관한 증언으로 이 엄청난 분화구에서 혼자 살아남은 소나무보다 더 강렬한 것은 없을 것이다.

그러니 나무는 사회적인가 하면 대단히 개별적이기도 하다. 이는 나무가 평생토록 선택하는 '사느냐 죽느냐'의 지침이 궁극적으로 자기 자신의 생존과 자손의 생존을 위한 것이란 점에서 그렇다. 생존 문제에 관한 한 나무는 닫힌 체계다. 생장에 유리한 환경에 뿌리를 내리는 행운을 누렸다고 우선 전제할 때 모든 나무가 단순하면서도 구체적인 목적을 이루는 데 필요한 모든 것을 이미 가지고 있거나 얻어낼 수 있다. 그 목적이란 물질의 일부를 미래에 전달할 자손을 만들어낼 수 있을 정도로 오래, 그리고 건강하게 사는 것이다. 숲은 단순히 나무들이 많이 몰려 있는 것이 아니라 많은 유기체가 모여 사는 공동체다. 하지만 그 속의 각 개체는 파울즈가 말하는 '다수 속의 개별체'라는 것을 스스로 인지할 줄 안다. 더 글러스퍼 한 그루의 관점에서 다수란 불이 나면서 타버리는 것들이다.

* * *

나무 한 그루는 공동체의 일부다. 동시에 나무 자체가 서로 다른 부분(뿌리, 줄기, 가지, 바늘잎, 구과, 속, 껍질)으로 이뤄진 공동체다. 나무의 자족성은 오랜 시간에 걸쳐 각 부분이 어느 정도 지속적으로 서로 연결되는 네트워크를 만들어낸 결과다. 나무는 물을 땅속에서부터 잎으로, 영양분을 잎에서 뿌리로 전해줘야 할 뿐 아니라 다른 혼합물이 효율적으로, 아마도 물이나 영양분보다 더 효율적으로 움직이게 해야 한다. 예를 들어 성숙한 더글러스퍼가 물을 뿌리에서 가지 끝까지 끌어올리는 데 36시간이 걸린다. 벌레의 공격을 퇴치해주거나 부러진 가지를 치유해주는 혼합물은 그보다 더 빨리 전달될 수 있다.

인간의 몸은 서로 다른 부분끼리 소통하고 정보를 전달하게 하는 여러 계system를 지니고 있다. 중추신경계, 교감신경계, 림프계, 면역계 같은 것이 그것이다. 나무는 인간보다 훨씬 오래전부터 존재해왔고, 포유류보다도 훨씬 더 오래됐다(지구상에는 포유류의 전체 종수보다 식물의 종수가 훨씬 더 많다. 난초의 종수만 하더라도 포유류 거의 전체 종수만큼 많을 정도다). 이런 나무는 생장과 유지, 회복, 방어를 조절하기 위해 복잡한 자체 계를 진화시켜왔다. 이런 점에서 테오프라스토스(실제로 그보다 아리스토텔레스가 먼저)가 나무 속에 생기력이란 것이 있다고 추측한 건 그다지 틀린 말이 아니다. 1682년에 『식물의 해부The Anatomy of Plants』를 쓴 영국 식물학자 느헤미야 그루Nehemiah Grew가 "(꽃가루는) 씨앗의 껍질이나 배에 떨어져서 다산성과 생기를 주는 향으로 감싼다."라고 한 것도 마찬가지다. 두 학자 모두 나무가 생동하는 내부의 신비로운 생명력을 각자의 느낌으로 표현한 것뿐인데 우리가 실제로 이 힘을 살펴볼 수 있는 도구를 얻어낸 것은 겨우 최근의 일이다. 나무의 비밀스러운 계에 관해 과학적으로 검증된 최초의 '생기를 주는 향'은 옥신auxin이었다. 이는 세포가 분열되어 커지고 분화하도록 해주는 식물 성장 호르몬이다. 독일의 위대한 식물생리학자이자 이론가 율리우스 폰 작스Julius von Sachs는 식물의 씨앗이 영양분을 녹말의 형태로 저장하고, 녹말은 광합성으로 생긴 최초의 검출가능한 물질이며, 뿌리가 만들어질 때는 세포분열보다 세포의 확대가 더 중요하다는 사실을 처음으로 입증했다. 1865년 그는 꽃과 씨앗을 만들어내는 역할을 맡은 특정한 기관 생성 물질들이 잎에서 만들어진다고 주장했다. 다만 이런 물질들을 따로 분리하는 것도, 찾아내는 것조차도 성공하지 못했다. 그러나 그의 영향력은 워낙 지대해 한 세대의 식물학자 모두가 그 물질들을 찾게 만들었으며 결국 그의 예언을 검증하게 했다.

마침내 비밀을 알아낸 것은 네덜란드 식물학자 프리드리히 벤트Friedrich Went 밑에 있던 유트레히트대학의 연구자들이었다. 유트레히트학파는 식물의 굴성tropism 개념을 이해하기 시작했다. 그것은 식물이 외부의 다양한 영향에 반응하도록 하는 성질, 즉 빛(굴광성phototropism), 물(굴수성hydrotropism), 중력(굴지성geotropism)과 관련된 것이었다. 그들은 씨앗이 땅에 뒤집혀 떨어져도 뿌리가 씨앗에서 빠져나올 때 어떻게 늘 아래로만 자라는지 궁금해했다. 이전부터 내려오던 이론은 뿌리가 굴지성을 갖고 있다고(말하자면 자체 무게 때문에 아래로 뻗친다고) 했다. 하지만 그들은 만일 사실이 그렇다면 어째서 뿌리가 아래로 자라기를 멈추고 수평으로도 자라기 시작하는가 하는 의문을 품게 되었다. 더글러스퍼를 포함한 나무 대부분이 그 중심에 당근 같이 곧은 주근taproot을 가졌으나 뿌리의 90퍼센트 이상이 지면에서 25센티미터 이내의 지점부터는 옆으로 뻗는다. 그리고 만약 식물이 굴지성만 갖고 있다면 줄기는 어떻게 중력을 거스르며 위로 자랄 수 있을까?

유트레히트학파는 식물의 기관들이, 특히 잎과 눈

이 호르몬(옥신)을 만들어낸다는 사실을 발견했다. 이 호르몬은 체관부 속의 영양분과 함께 식물의 줄기 안에서 이동하다가 세포가 빨리 자라야 할 곳에 집중적으로 모인다. 우리의 더글러스퍼 씨앗처럼 어린 것에는 그런 기관이 뿌리골무 안쪽과 어린눈이라고 하는 배아줄기의 안에 있다. 여기가 묘목에서 생명의 조짐을 보여주기 시작하는 곳이다.

옥신은 씨껍질에서 뿌리의 속으로, 또 어린 배아줄기 속으로도 전달된다. 하지만 옥신은 두 곳의 모든 세포에 고르게 전달되지는 않는다. 분자가 커서 중력의 지배를 받기 때문에 아래쪽 절반에 집중된다. 이는 수평으로 놓인 파이프를 따라 이동하는 물에 섞인 모래를 떠올리면 이해가 쉽다. 이후 옥신의 세 가지 특성이 나타나기 시작한다. 첫째, 옥신이 제대로 집중되면 세포분열을 촉진해 성장도 빨라진다는 점이다. 둘째, 줄기의 성장에 비해 뿌리의 성장에 영향을 끼치는 옥신의 집중량이 훨씬 적다. 셋째, 햇빛은 세포분열을 촉진하는 옥신의 능력을 떨어뜨린다. 이 세 가지 특성을 합하면 뿌리가 왜 항상 아래로만 자라며, 줄기는 왜 위로만 자라는가가 설명된다. 뿌리의 옥신은 아래쪽 절반에 워낙 집중되어 옥신에 민감한 세포들의 분열을 억제한다. 그리하여 뿌리의 위쪽 절반은 옥신의 양이 적어서 아래쪽 절반보다 빨리 자라고, 뿌리는 굽으면서 아래쪽으로 자란다. 그러는 동안 나무의 어린눈의 바닥 부분에 쌓인 옥신은 성장을 촉진하는데 그 사이 어린눈의 위쪽 절반에 쏟아지는 햇살이 성장을 억제해 어린눈은 위로 자라나는 것이다. 그 결과, 묘목의 뿌리는 아래쪽으로 자라고 줄기는 위쪽으로 태양을 향해 자라게 된다. 그렇게 점점 더 자라날수록 옥신이 좀 더 고르게 전달되기 시작하고 줄기는 곧아진다.

* * *

여러 세기에 걸쳐 자연철학자들은 생물과 무생물의 차이 때문에 골머리를 앓았다. 생물과 무생물을 구분하는 것은 무엇인가? 우리가 이미 살펴본 바와 같이 생물은 살아 있지 않은 분자들이 응고되면서 등장했다. 생기론자vitalist들은 살아 있는 유기체 속에 무언가 일으키는 힘이 있다고 믿었다. 그리고 그 힘은 살아 있지 않은 물질에 생기를 불어넣어주고 죽으면 빠져나가는 어떤 물질이라 생각했다. 그들은 살아 있는 유기체의 무게를 달아보고, 죽인 다음 다시 무게를 달아 생기력이란 것이 구분될 만한 질량을 가지고 있는지 확인해보려 했다. 흔히들 공기를 원기spirit로 보기도 하는데 이는 공기 없이는 생명이 있을 수 없기 때문이다. 그런 관념의 메아리는 아직도 영어에 남아 있다. 'inspire'(인스파이어)라는 단어는 공기를 들이마신다는 뜻과 창조적 힘을 불어넣어준다는 뜻이 있다. 반대로 'expire'(익스파이어)는 공기를 내뱉는다는 뜻과 죽는다는 뜻이다.

초기의 화학자들은 생명이 단백질, 핵산, 지질, 탄수화물 같은 분자(모두 탄소를 중심으로 만들어진 것이다)에 토대를 둔다고 이해했다. 그들은 살아 있는 유기체만이 이토록 복잡하고 탄소를 기반으로 한 분자를 만들어낼 수 있다고 가정했다. 이 가정은 독일 화학자 프리츠 하버Fritz Haber가 1928년에 암모니아와 시안산염을 합성하여 오줌에서 발견되는 유기화합물인 요소urea를 만들어낼 때까지 유효했다. 그리고 몇 년 뒤에 그의 제자인 헤르만 콜베Hermann Kolbe는 또 하나의 유기화합물인 초산을 만들어냈다. 시험관 화학은 분명 생명의 화학적 과정을 복제할 수 있었다.

아이작 뉴턴은 광학과 중력에 대한 연구를 통해 물리학을 혁명적으로 발전시키면서 우주를 어마어마한 기계 구조물, 즉 거대한 시계장치로 인식했다. 그러해야 과학자들이 그 다양한 부품을 분석하고 규명해낼 수 있다고 생각한 것이다. 그는 환원주의reductionism라는 과학 방법론은 제창했다. 이 접근법이 전제하는 가정에 따르면 자연의 조각조각을 연구해 얻어낸 통찰들을 퍼즐 맞추듯 하다 보면 마침내 우주의 운행 방식을 설명할 수 있다는 것이다. 환원주의는 자연에서 정보를 얻어내고 또 조사도 하기 위한 강력한 도구가 되었다. 그런데 과학자들은 살아 있는 유기체의 부분을 탐구하다가 각 부분이 다시 또 부분(분자)들로 이루어져 있다는 사실을 알게 되었다. 나아가 이 분자는 다시 원자의 집합으로, 그리고 원자는 (아직까지는) 모든 물질에서 더 이상 쪼갤 수 없는 구조물인 쿼크quark로 이루어져 있다는 것을 발견했다. 쿼크 수준에서는 생명과 무생물을 구분할 근거가 전혀 없었다. 이러한 가장 기초적인 구조물 가운데 그 어떤 것도 발생이나 분화, 의식 같은 복잡한 과정의 출현에 대한 통찰을 제시해줄 수 없었다. 그래서 현대의 생물학과 의학은 환원주의의 가정, 즉 개개의 조각을 분석해 전체를 설명할 수 있다는 가정으로부터 이탈하는 중이다. 미국 진화생물학자 스티븐 제이 굴드Stephen Jay Gould가 언급한 바와 같이 "유기체는 유전자들의 단순한 결합 그 이상의 것이다. 하나의 유기체는 나름의 의미심장한 역사를 간직한다. 유기체의 각 부분이 복잡한 상호작용을 이루는 것이다".

생명이라는 존재 자체가 환원주의에 대한 반박이다. 즉 전체가 부분의 합보다 더 크다는 증거다. 말하자면 무생물에서 생물이 생겨난다는 것은, 물질의 가장 작은 입자들 속에는 생기나 원기 같은 것이 없을 경우, 생명은 무생물인 부분들의 집합적인 상호작용의 결과여야만 한다는 의미다. 즉 호흡이나 소화, 생식 같은 중요한 특성들을 만들어내는 협력작용이어야 한다는 뜻이다.

작은 균들은 어떻게 생명을 도울까

알렉상드르 뒤마는 1869년에 쓴 『요리대사전**Grand dictionnaire de cuisine**』에서 이렇게 말한 바 있다. "우리는 이제 미식가 가운데 '성인 중의 성인'을, 그의 모자를 건드려보지 않고는 그 어떤 미식가도 발음해본 적 없는 이름, '투버 시바리움**Tuber cibarium**' 또는 '리코페르돈 굴로소룸**Lycoperdon gulosorum**'이라고 하는 송로버섯을 만나게 되었다." 그는 송로버섯의 역사를 쓰는 일은 문명의 역사에 다시 손을 대는 것과 같다고 말했다. 당시 그가 실제로 착수하려 했던 일이었다. 뒤마는 로마인이 송로버섯을 알고 있었으며, 그 이전에 그리스인이 리비아에서 가져와 먹었다고 말했다. 송로버섯은 유행에서 벗어난 적이 없었던 것 같다. 『실바, 산림에 대하여**Sylva, or a Discourse of Forest Trees**』를 쓴 영국 작가 존 이블린**John Evelyn**은 1644년에 프랑스를 여행하다가 도팽 지방에 잠시 머무르며 쓴 일기에 이런 기록을 남겼다. "(다른 맛있는 것 중에서도) 송로버섯 요리를 맛보았는데 이는 분명 땅콩 종류로, 훈련받은 돼지가 찾아낼 수 있으며 이런 돼지들은 아주 비싼 값에 팔린다."

뒤마가 말한 투버 시바리움은 사실 미식가들이 진짜 좋아하는 송로버섯인 '여름갈고리덩이버섯'[*Tuber aestivum*]이다. 리코페르돈 굴로소룸은 보석 모양의 '말불버섯'[*Lycoperdon gemmatum*]에 더 가까운 듯하다. 이 버섯은 송로버섯처럼 우둘투둘하며 갓 자랐을 때 먹는 것이다. 암퇘지가 캐낸 송로버섯은 거위 간에 곁들여 파테 데 푸아그라라는 요리를 만들거나 다른 여러 흥미로운 방식으로 요리되었다. 송로버섯은 일시적인 유행을 뛰어넘는 것이었다. 유럽에서 이 버섯은 프랑스 문화의 우월성을 상징하는 것이었다. 또 최음제 역할을 한다 하여 굴과 함께 절대권력 같은 위상에 놓이기도 했다. 15세기의 어느 이탈리아 사교계 명사가 "사교계의 호색꾼들은 성욕을 돋우기 위해 송로버섯을 먹었다."라고 전한 바 있다. 밝혀진 사실로는 송로버섯이 적어도 암퇘지에게는 실제 최음제 역할을 한다고 한다. 송로버섯에 보통 수퇘지가 지니는 남성호르몬인 안드로스테론**androsterone**이 두 배나 들어 있다는 것이다.

남성호르몬 향이 진하게 풍기는 열매를 맺는 것은 진균류의 번식 전략 중 하나다. 송로버섯에는 홀씨가 가득 차 있는데, 이 홀씨들이 공기 중으로 퍼져나갈 때가 되면(이는 땅속 식물로서는 어려운 묘기다) 송로버섯은 안드로스테로이드 페로몬**androsteroid pheromone**을 분비한다. 그러면 곰, 돼지, 생쥐 같은 동물 암컷들이 와서 송로버섯을 파내어 먹고는 홀씨를 변으로 내보내는 것이다. 홀씨는 질긴 껍질로 보호받기 때문에 소화되지 않은 채로 동물의 장을 통과한다. 그렇게 씨앗의 방사가 완성된다.

19세기 말에 프로이센의 왕이 균류학자 A. B. 해치**A. B. Hatch**에게 송로버섯을 자국에서 양식하는 방법을 알아내어 야생 송로버섯에 의존하던 프랑스를 따돌려 보자고 했다. 해치는 땅속에 마구 뒤섞여 있는 뼛조각들을 발굴해내는 고생물학자처럼 서로 얽혀 있는 땅속 진균류를 조심스럽게 캐냈다. 그리고 어버이 진균류가 흙의 도움만으로 자라는 것은 아니라는 사실을 발견했다. 어버이 진균류는 주변에 자라고 있던 나무들, 그가 관찰한 경우에는 주로 참나무의 가는 뿌리에 붙어 있었던 것이다. 진균류와 나무뿌리는 사실상 서로 하나가 되도록 자라서 거의 한 유기체가 된 것 같았다. 해치는 이러한 공생체를 균근mycorrhizae이라 불렀는데 이는 '진균류-뿌리'란 뜻이다. 그는 이런 독특한 협력의 성격을 곰곰이 따져보았다. 송로버섯 등의 식용 진균류를 제외하면 인간은 진균류와 대립적인 관계를 맺고 있다. 우리는 진균류(곰팡이)라고 하면 썩은 것이나 질병을 연상하는데 사실 그럴 만도 하다. 진균류가 일으키는 문제에는 무좀이나 효모균 감염, 비듬과 같이 상대적으로 경미한 것도 있으나 상당수의 진균류가 세 종류의 폐렴과 한 종류의 뇌수막염을 일으킨다. 그리고 식물의 많은 병이 진균류의 침입 때문에 일어난다. 언뜻 생각해보면 진균류에 감염된 식물의 뿌리는 병들어 죽을 것만 같다. 하지만 균근의 형태로 협력을 이루면 진균류와 뿌리가 모두 이로워진다.

해치의 연구 업적은 1880년대의 프랑스 과학자 루이 알렉상드르 망진Louis Alexandre Mangin에 계승되었다. 그는 식물의 호흡과 뿌리의 발달에 특히 관심이 많았다. 망진은 특정 진균류가 특정 식물을 특별히 선호하는 경향을 관찰했다. 몇몇은 나무의 뿌리에서만 발견된다거나 다른 몇몇은 초본식물만 좋아하는 듯했다. 몇 년 뒤에는 난초의 번식을 연구하던 프랑스 식물학자 베르나르 노엘Bernard Noel이 모든 난초가 영양분 공급을 위해 진균류에 의존한다는 사실을 알아내어 균근적 공생관계 연구를 크게 앞당겼다. 달리 말해 지상에서 가장 오래된 식물의 계보에서는 균근적 공생관계가 필수라는 사실을 알아낸 것이다. 진균류의 도움을 받지 못하면 난초는 시들어 죽었다.

지금은 거의 모든 균근적 공생관계를 필수는 아니어도 매우 당연한 것으로 받아들인다. 진균류를 파트너로 두지 않고 자랄 수 있는 식물 종은 거의 없으며, 진균류 파트너를 둔 식물 종이 더 잘 자라는 것으로 알려져 있다. 때로는 그 상호의존성이 서로에게 불리하게 작용할 수도 있지만 말이다. 독일 숲전문가 페터 볼레벤Peter Wohlleben은 『나무수업』에서 그가 연구한 독일 숲의 더글러스퍼 한 그루가 번개에 희생됐을 때 반경 15미터 이내의 모든 더글러스퍼 나무들도 죽었다며 이렇게 서술한다. "확실히 주변의 나무들은 쓰러진 나무와 연결되어 있었으며 그날 그들이 전달받은 것은 생기를 제공해주는 당이 아니라 치명적인 전기였다." 캐나다 숲 연구가 수잰 시머드Suzanne Simard도 숲속 빈터에 성기게 자리해 있던 자작나무들을 솎아내니 주변의 더글러스퍼 군락이 줄어든 것을 알게 되었다고 보고한다. 화석의 증거에 따르면 이러한 상호의존 관계는 최초의 식물이 육지로 올라왔던 4억 년 전부터 있었다고 한다. 크리스 메이서도 "사실 육지식물은 아마도 바다의 진균류와 광합성을 하는 조류 사이의 공생에서 비롯되었을 것이다."라고 쓴 바 있다. 육지로 처음 올라온 바다식물들은 자체의 뿌리가 없었기 때문에 마른 땅에서 생존하는 데 필요한 물과 광물질을 충분히 얻기 위해 진균류를 이용해야만 했을 것이다. 진균류 또한 광합성으로 만들어지는 먹이를 얻기 위해 식물들이 필요했을 것이다.

시머드는 균근균**mycorrhizal fungi** 간 관계를 하나의 통신시스템으로 기술한다. 더글러스퍼의 뿌리를 연구하면서 이런 사실을 발견한 것이다. "지하의 균사체 네트워크는 여러 균근균 종으로 이루어진 부산한 커뮤니티였다." 그리고 이러한 '연결의 중추'를 '활발히 상호협력하는 인터넷'에 비유하며 이렇게 덧붙였다. "나무들은 그물망을 통해 소통하고 있었다."

약 9만 종이 있는 것으로 알려진 진균류는 식물처럼 엽록체를 가지고 있지 않아서 스스로 먹이를 만들어 낼 수 없다. 하지만 번식을 위해서 당 형태의 에너지가 필요하기 때문에 균근균은 살아 있는 식물의 뿌리 속으로 뚫고 들어가서 숙주가 되는 식물로부터 당을 얻는다. 이때 당을 하도 많이 뽑아내 상당히 많이 커질 수도 있다. 이렇게만 된다면 진균류는 기생충에 불과하고 나무는 결국 죽게 될 것이다. 하지만 진균류는 은혜에 보답할 줄 안다. 나무에서 당을 얻은 보답으로, 진균류의 방대한 균사hypha[2] 그물망은 나무뿌리에 물과 영양분을 공급해준다. 이런 도움이 없다면 나무뿌리는 주변의 광물질만으로는 충분한 수분과 영양분을 얻지 못할 것이다.

나무는 씨앗이 자리 잡고 처음 뿌리를 내리는 곳에서 그대로 살아가야 한다. 일단 자리를 잡으면 포식자나 기생충을 피할 수도, 다른 곳에서 먹이를 찾을 수도, 좀 더 좋은 기후를 찾아 옮겨갈 수도 없다. 나무의 뻗어나는 뿌리는 물과 분해된 영양분을 찾아야만 하며 비바람과 홍수를 이겨내고 식물이 자라도록 단단히 고정해주어야 한다. 뿌리의 효율성은 땅속에 있는 광물질과 접촉하는 표면적뿐 아니라 흙 속으로 뚫고 들어가는 거리에 영향을 받는다. 진균류의 균사 망은 나무가 가닿는 흙의 양을 상당히 늘려주며 물을 흡수해 나무에 전달한다. 또 균사

---

2 균류의 몸을 이루는 섬세한 실 모양의 세포.

는 나무뿌리에 비해 흙 속에서 인이나 질소 같은 중요한 영양분을 뽑아내는 데 더 유리하며, 당을 얻은 대가로 이 영양분을 나무에게 준다. 또한 흙 속의 질소를 분해하고 벌레를 죽이기도 하며, 벌레의 몸에서 미량원소를 흡수하는 효소를 분비하는데 이 효소 역시 나무에 전달한다.

진균류와 난초 사이의 관계는 내생적**endotrophic** 관계인데 이는 진균류가 난초의 덩이줄기 세포 속으로 사실상 파고 들어간 다음 그 속에서 산다는 뜻이다. 약 30만 종의 식물이 130종의 진균류와 내생 균근의 관계를 맺고 있다. 한편 진균류와 나무 사이의 관계는 외생적**ectotrophic** 관계다. 균사의 복잡한 그물망인 균사체**mycelium**가 뿌리 표면을 감싸는 막을 형성하며 뿌리 외피 세포들 사이의 공간을 메우기도 한다. 이때 그 사이를 꿰뚫지 않으면서 균사망**Hartig net**이란 것을 형성한다. 『숨겨진 숲**The Hidden Forest**』의 작가 존 루마**Jon Luoma**의 말처럼 "이제 균류학자들은 균근균이 뿌리에 비해 약 1천 배 정도 더 많은 흙의 범위를 나무와 효과적으로 이어준다고 믿는다". 이 범위 안에 있는 균사의 집중도는 어마어마하다. 균근이 뭉쳐 있는 흙 1리터에는 단단히 뭉친 균사의 길이가 몇 킬로미터나 된다. 약 2천 종의 식물만이 외생 균근으로 이들은 약 5천 종의 진균류와 관계를 맺는다.

균근균은 숙주가 되는 나무가 가뭄, 홍수, 고온, 흙 속의 영양분 부족, 산소 부족 등의 스트레스 요인을 이겨낼 수 있도록 상당한 회복력을 부여해준다. 한 연구에 따르면 진균류는 위험성 있는 다른 진균류의 침입으로부터 나무를 보호해주기도 한다. 예를 들어 레지노사소나무**Pinus resinosa**에 주름우단버섯**Paxillus involutus**이라는 균근균을 접붙이면 이 버섯은 나무가 푸자리움**fusarium** 뿌리썩음병에 두 배나 강해지도록 해주는 항균성 곰팡이 독소를 만들어낸다. 이렇게 진균류가 당을 보급해주는 원천을 건강하게 만들어 계속해서 당을 만들도록 하는 것은 수지맞는 일이다.

더글러스퍼는 2천 종이 넘는 진균류와 외생균근 관계를 맺는다. 나무 한 그루의 뿌리 각 부분에는 여러 종류의 진균류가 붙어 있을 수 있다. 뿌리가 여러 유형의 흙 속으로 뻗을 때는 더욱 그렇다. 어떤 진균류들은 특정 나무 종과 관계를 맺는다. 예를 들어 수일러스라케이**Suillus lakei**는 더글러스퍼 밑에서만 발견되는 적갈색 버섯이다. 이 버섯은 철이 늦으면 좀 찐득찐득해지지만 식용가능한 것이다. 이외 소나무나 다른 목본식물 밑에서도 발견되긴 하지만 자줏빛 졸각버섯**purple Laccaria**도 주로 더글러스퍼 밑에서 자라는 종류다.

아마도 식물과 진균류 사이에 있는 가장 의외의 협력관계는 꽃식물인 수정난풀Indian pipe과 그 뿌리에 붙어사는 그물버섯Boletus일 것이다. 수정난풀은 북미 북서해안을 비롯해 북미 일대의 습한 삼림지에서 자란다. 우리의 더글러스퍼 씨앗 주변 곳곳에도 이 풀이 있는데, 숲바닥 위로 옅은 분홍빛 줄기와 굽은 머리를 허약하고 애처로운 벌레처럼 내밀고 있다. 이 풀에는 자체에 엽록소가 없어서(클수록 검게 변한다) 스스로를 위해서도, 균근파트너를 위해서도 당을 만들어내지 않는다. 그런데도 그물버섯은 거기에 붙어산다. 수정난풀 뿌리에 붙어사는 진균류는 가까이 있는 더글러스퍼 같은 침엽수의 뿌리에도 붙어사는 것으로 밝혀졌다. 그물버섯은 침엽수에서 영양분을 빨아당겨서 수정난풀에 바로 전달해준다. 수정난풀이 이 진균류(버섯)나 더글그러스퍼에 어떤 도움을 주는지는 아무도 모른다. 아무것도 없을 수도 있다. 만일 그렇다면 이는 공짜가 잘 없는 자연에서 아주 드문 경우일 것이다.

커다란 더글러스퍼는 작은 진균류에게서
스스로 가지기 힘든 영양분과 회복력을 얻는다.

자연의 비밀에 관심 깊어진 사람들

나무와 마찬가지로 아이디어도 발전하기 위해 영양이 풍부한 땅이 필요하다. 이는 더글러스퍼 씨앗이 결실을 맺는 시기를 마주하게 될 때만큼이나 오랜 시간이 걸릴 수 있다. 13세기 전반부에 유럽에서는 신성로마제국 황제 프리드리히 2세의 강력한 후원 아래에 과학계의 혁명이 일어났다. 중세 암흑시대 동안 고대 그리스인들의 연구 작업은 교회 때문에 유실되거나 금지되었으며, 로마제국의 사상가들은 과학적 배움의 발전을 거의 중요시하지 않았다. 그러다가 프리드리히 2세의 영도 아래 그리스 원전들이 재발견되고 라틴어로 번역되었으며, 글을 읽을 줄 아는 사람들에게 점점 더 많이 알려지게 되었다. 그런 저작들 중에 아리스토텔레스, 유클리드, 프톨레마이오스, 아르키메데스, 디오클레스, 갈레노스의 것이 있었다. 의학, 천문학, 광학, 화학에 관한 아랍의 저작들도 주로 라틴어로 번역되어 읽히고 거론되었다. 로마제국의 1,200년이 넘는 교회 권력 압제 동안 교회의 승인을 받은 과학 교과서는 주로 대충 만든 백과사전이나 디오스코리데스의 저술 같은 약초책(이 책의 약초 목록 중 상당수가 지중해 북쪽 지역에서는 나지 않았다)이었다. 그러던 것이 13세기 동안에는 자연과학이 갑자기 대중의 상상력을 자극하며 폭발적으로 발전하기 시작했다.

프리드리히 2세 치하에서 영예를 누린 학자 가운데 가장 존경받은 사람은 알베르투스 마그누스**Albertus Magnus**였다. 그는 연금술과 점성술이 정규 과학으로 인정받던 당대의 궁중마술사로 존경을 받았다. 1250년, 프리드리히 2세가 죽은 해에 발간된 그의 책 『초본식물과 식물**De Vegetalibus et Plantis**』은 아리스토텔레스가 쓴 것으로 알려진 글들을 테오프라스토스가 집성한 『초본식물**De Vegetalibus**』에 대한 주석서였다. 알베르투스의 버전에는 그리스에 잘 알려지지 않았던 토착식물에 대한 세세한 설명과 더불어 원전 저자와 자기 생각이 일치하지 않는 부분에 대한 소견도 포함되어 있었다. 그는 과학 탐구의 양대 기둥인 호기심과 경험을 중시하였다. 직접 나무를 해부해본 그는 수액이 특별한 관(맥박은 없지만 혈관 같은 관이라고 표현했다)을 따라 뿌리에서부터 잎까지 전달된다고 선언했다.

알베르투스가 죽은 1280년은 프리드리히 2세가 죽은 지 30년이 된 해였으며 영국의 에드워드 1세가 왕이 된 해였다. 에드워드 1세 재위 시절, 가장 유명했던 영국 과학자는 로저 베이컨**Roger Bacon**이었다. 그는 1219년에 태어나 1240년 옥스퍼드대학에서 석사학위를 받았다. 졸업 후 그는 한동안 프란체스코 수도회의 일원으로 파리에서 아리스토텔레스에 대해 가르쳤다. 알베르투스와 마찬가지로 베이컨은 자신이 말한 '경험과학'의 중요성을 대단히 강조했다. 이는 관념적인 추론이나 전수받은 지혜에 대한 의존보다는 자연현상에 관한 물질적 연구를 말하는 것이었다. 그는 또 피에트로 다바노와 마찬가지로 권위를 부정했기 때문에 교회와 충돌했다. 그래서 그는 만년에 '수상쩍은 새 물건들'과 '위험스런 주장들' 때문에 자신이 몸담고 있던 프란체스코 수도회의 결정에 따라 파리의 감옥에 갇히기도 했다. 그런 혐의는 아랍 철학자 아베로에스Averroes를 흠모한 데서 비롯된 것인지도 모른다. 아베로에스는 아리스토텔레스의 철학을 바탕으로 보편적 이성을 학설로 주장했으나 개별 영혼의 불멸성은 부인했던 것이다. 하지만 베이컨은 유럽이 암흑시대를 한 걸음 더 빠져나오게 하고, 종교적이든 과학적이든 도그마에 무조건 집착하는 관행에서 벗어나게 하는 데 공헌했다. 그는 "저자들이 많은 주장을 써내고 사람들은 경험 없이 조직화하는 추론을 통해 믿는데 그런 추론은 완전히 잘못된 것이다."라고 주장했다.

우리의 씨앗이 흙 속으로 최초의 시험적 탐사를 시

작한 무렵, 과학의 세계도 자연의 비밀을 새롭게 캐내는 여명기에 있었다.

뿌리 내리고 땅 위로 올라가다

그사이 우리 더글러스퍼의 어린뿌리는 따뜻한 여름을 맞았다. 흙 속에서 스스로 외생균근 관계를 맺었고, 그러면서 줄기가 꿈틀꿈틀 올라오기 시작한다. 줄기는 씨껍질에서 그냥 위로 솟아오르는 것이 아니라 제1차세계대전 비행기 조종사의 헬멧 같이 씨껍질을 머리에 쓰고 일어난다. 결국엔 바늘잎이 돋아날 곳인 마디의 시작 부분은 아직도 에너지를 얻기 위해 배젖과 떡잎에 저장된 녹말에 의존하고 있다. 이렇게 저장되어 있는 에너지를 다 소비하고 나면 배젖은 금세 떨어져 나가게 되며, 줄기는 뿌리와 자신의 파트너인 진균류에 양분을 공급해줄 바늘잎을 만들어낸다.

줄기의 내부구조는 뿌리의 것(외피에 쌓인 물관부와 체관부)과 대단히 비슷하되, 뿌리에는 반드시 있어야 하는 것과 달리 줄기의 외피는 작은 구멍들이 없다. 자라난 지 얼마 되지 않았을 때라서 나무껍질이 얇고 희끄무

레하고 가냘프긴 하지만 그래도 그것은 엄연한 나무껍질이다. 다 자란 나무는 본질적으로 부름켜라는 살아 있는 조직층 안에 10~15년간 살아 있는 백목질sapwood로 둘러싸인 죽은 적목질heartwood이다. 속껍질 아래에서 새로 헛물관이 만들어지면서 묵은 세포들은 죽고, 나무의 굵기는 점점 굵어진다. 뜨거운 밀랍에 자꾸 담글수록 초의 굵기가 점점 굵어지는 이치를 생각해보자. 나무의 경우에는 뜨거운 밀랍이 만들어내는 새로운 켜를 부름켜라 하며, 식은 밀랍이 만들어내는 켜를 적목질이라 한다. 그러니까 적목질은 이전에 자란 부분이 만들어내는 '테두리'다. 만약 나무가 10미터 크기일 때 줄기에 못을 하나 박아 넣을 경우, 그 못은 나무가 다 자란 뒤에도 땅에서부터 같은 위치에 있게 마련이다. 나무의 윗부분이 자라서 키가 크는 것이며, 줄기는 둘레만 굵어지는 것이다. 이때까지 나무는 모든 부분이 살아있는 생명체다. 부름켜든, 백목질이든, 껍질이든 속에 있는 어느 부분 하나 죽은 데가 없다. 뿌리에서 올라온 물은 물관부의 부름켜를 따라 줄기 위로 올라간다. 처음으로 바늘잎이 만들어져 광합성을 시작할 때면 녹말(농축된 당)이 체관부의 체세포를 통해 내려가 뿌리에 저장되고 쓰인다.

모든 나무가 그렇듯, 어린 더글러스퍼의 물관부 세

포는 섬유소로 된 두꺼운 벽에 둘러싸인 핵으로 이루어져 있으며, 줄기의 속을 구획이 나뉜 플라스틱 빨대처럼 타고 오른다. 섬유소는 단당류인 포도당glucose과 과당fructose의 단위가 반복되어 이루어진 다당류로, 원형질체protoplast[3]에서 만들어질 때는 부드럽지만 세포벽에 닿으면 단단해진다. 알려진 유기 폴리머(고분자)organic polymer 가운데 가장 풍부한 것이 섬유소다. 모든 식물은 섬유소를 가지고 있다. 심지어 진균류 중에도 균사의 벽에 섬유소를 지닌 것들이 있다. 섬유소는 또 천연 섬유질 가운데 가장 질긴 것 중 하나로, 비단이나 힘줄, 뼈보다도 강하다. 그리고 초식동물이라면 그것이 소화하기 더 까다로운 것임을 안다. 섬유소가 질긴 것은 부분적으로는 나란히 있는 분자들뿐 아니라 각 분자 안에 수소의 결합에서 비롯된다. 사실 섬유소는 너무나 강하게 결합해 있어서 결합을 깨뜨릴 옥신이 없으면 새로운 섬유소 분자라 해도 벽 안쪽 면에 있는 섬유소에 들러붙지 못한다. 그러면 나무가 자랄 수 없을 것이다.

물관부 세포를 이루는 또 하나의 구성요소는 리그닌lignin이다. 이는 식물 고분자 중 두 번째로 풍부한 것으

---

3 식물 세포에서 세포벽을 제거한 본체.

로, 세포벽을 더 튼튼하게 만들어준다. 식물들이 최초로 땅에 침입하여 그중 일부가 다른 것보다 더 크게 자랄 경우, 그들의 줄기는 섬유소로만 이뤄진 벽을 가진 세포들로 구성된다. 더 크게 자랄수록 그들 중 상당수는 바람에 꺾이거나 제 무게에 겨워 쓰러지곤 하는데 그렇지 않은 것들은 어떤 알 수 없는 과정 중에 리그닌을 갖게 된다. 리그닌이 세포벽에서 하는 역할은 콘크리트에서 철근이 하는 역할과 같다. 결국 리그닌을 가진 식물들만이 살아남아서 번식을 할 수 있었다는 의미다. 지금의 나무는 약 65퍼센트가 섬유소이고, 35퍼센트는 리그닌이다.

리그닌은 세 가지 향을 내는 알코올(쿠마릴coumaryl, 코니페릴coniferyl, 시나필synapyl)이 결합되어 있는데, 이들 알코올은 다른 물질에 이미 점유되지 않은 세포벽 속의 공간을 메운다. 리그닌은 심지어 물 분자도 점유하지 못하게 내쫓는다. 그리하여 리그닌은 물에 친화적이지 않은 대단히 튼튼한 그물망을 형성하며, 동시에 세포벽의 모든 성분을 제자리에 고정해 물관부를 튼튼하게 만든다. 리그닌은 또 진균류나 박테리아로 생기는 감염을 막아주는 중요한 장벽을 제공한다. 만일 나무가 질병의 공격을 받으면 감염된 부위를 리그닌 벽으로 봉쇄하여 병이 더 퍼지지 못하도록 한다. 리그닌이 워낙 질긴 탓에 펄프·제지 공장에서는 많은 비용을 들여 이를 제거하기도 한다. 이때 제조에 쓰이는 나무에서 리그닌을 분해하는 데 드는 산은 환경오염 물질 중 하나다.

우리의 어린 더글러스퍼 거의 끝부분에 다섯 개의 떡잎이 초록빛 우산의 살처럼 뻗어나와 있다. 이 떡잎들은 이 나무의 첫 바늘잎이다. 이 잎들이 줄기에서 합쳐지는 부분에는 정단분열조직**apical meristem**이라고 하는 동그란 돌출부가 있는데, 이곳에서 새로운 생장이 일어난다. 분열조직은 일련의 조그만 돌기를 만들어내고 이 돌기마다 가느다란 바늘잎이 새로 만들어진다. 처음에는 돌기들이 서로 가까이 붙어 있으나 분열조직 안에 있는 세포들이 서서히 분열하고 확장하면서 서로 거리가 벌어지게 된다. 이런 돌기 중 일부에는 겨드랑이눈이 돋아난다. 이 겨드랑이눈들이 결국 가지를 만들어내며, 가지마다 끝부분에 정단분열조직이 자체적으로 생긴다. 참나무나 단풍나무 같은 활엽수에서는 겨드랑이눈이 모든 잎의 돌기에 돋아나지만, 더글러스퍼를 비롯한 침엽수에는 돌기들이 서로 너무 가까이(약 2밀리미터 정도) 붙어 있어 여러 돌기에 하나꼴로 겨드랑이눈이 돋아난다. 겨드랑이눈은 조그맣고 압축된 싹으로, 배의 잎과 돌기와 돌기 마디 사이로 이루어져 있다. 겨드랑이눈은 발육이 정지된 상태로 있으면서 뿌리에서 올라온 양분을 가지로 보내 자랄 수 있도록 준비를 한다.

떡잎들이 부채처럼 살을 펴고 고르지 않은 줄기에 의지하고 있는 어린 더글러스퍼는 이제 조그만 야자나무 같아 보인다. 아주 작긴 하지만 이 어린나무는 온전히 제 몫을 하는 유기체다. 각 분열조직에 있는 세포들은 맹렬하게 분열하고 확장하고 있으며, 떡잎들은 평생 해나가야 할 광합성 작용을 이미 하고 있다. 이제 나무 곳곳에는 미리 정해진 각자의 고유 역할을 맡은 세포들이 많이 있다. 동물과 마찬가지로, 식물도 다세포다. 이런 이점은 한 유기체 내부의 기능이 다양해질 수 있는 기회를 주었다. 다세포 유기체는 본질적으로 그보다 작은 유기체들의 군체다. 하지만 이러한 다양성은 생물학적 역설을 드러내기도 한다. 다양성은 어떻게 생겨나는가? 한 개의 세포가 두 개로 갈라지는 세포분열 과정은 모든 자식세포의 유전자 짜임새가 일치하도록 한다. 세포 및 조직 유형의 발달과 분화가 유전적인 통제하에 있다면 각 개체의 차이를 만들어내는 메커니즘은 과연 어떤 것인가?

분자생물학은 일련의 기발한 실험을 통해 수정의 결과로 부모 염색체가 결합하여 게놈을 형성하며 이 게놈이 모든 세포분열마다 착실히 복제된다는 사실을 밝혔다. 수정란의 게놈은 여러 세포가 각자의 역할을 매끄럽게 수행하는 개체가 되는 과정을 알려주는 청사진으로 볼 수 있다. 하지만 이 DNA 청사진은 어느 한 세포가 알아야 할 정보를 완전히 판독하기에는 너무나 방대한 정보를 담고 있다. 그래서 세포분열이 진행됨에 따라 각 자식세포는 해당 청사진의 특정 부분만(이를테면 뿌리를 만들어내는 데 필요한 정보만)을 판독하도록 돕는 분자의 신호들을 받아들인다. 이때 특정 세포가 무엇을 판독할 것인지를 구별해주는 신호는 어떤 것들일까? 그리고 우리는 그 신호를 조작할 수 있을까? 최근 포유류를 대상으로 어떤 세포로도 분화될 수 있는 분화만능**totipotent** 줄기세포를 연구한 결과를 보면 팔다리를 잃거나 심지어 장기 하나를 다 잃어도 세포의 구별 신호를 더 잘 이해하게 되면 다시 자라나게 할 수 있다고 한다.

초록빛 세상을 만든 비밀, 빛

광합성은 지구상에 생명이 다양하고 풍부해지는 것을 가능하게 만드는 과정이다. 식물이 태양에서 에너지를 얻고 흙에서 양분을 얻는 것은 비밀이 아니었지만, 레오

나르도 다빈치가 그의 공책에 "태양은 식물에게 정기와 생명을 주고, 땅은 양분으로 식물을 기른다."라고 정확히 기술한 바 있다. 그리고 그 과정이 어떻게 진행되는지 이해하게 된 것은 비교적 최근의 일이다. 1779년에 네덜란드 식물생리학자 얀 잉엔하우스**Jan Ingen-Housz**는 『식물에 관한 실험, 볕에서는 공기를 정화하며 그늘에서나 밤에는 공기를 더럽히는 대단한 능력의 발견』[4]이라는 엄청난 제목을 단 책을 펴냈다. 그의 뒤를 이어, 종교에 관한 여러 논문을 썼으며 산소를 발견한 바 있는 영국의 뛰어난 화학자이자 신학자 조지프 프리스틀리**Joseph Priestley**가 비슷한 실험을 했다. 프리스틀리는 1766년에 가연성 공기(수소)**inflammable air**를 연구했다. 1775년에 그는 연소나 부패 때문에 식물이 숨쉬기가 부적절해진 대기에 훗날 산소로 불린 탈플로지스톤 공기**dephlogisticated air**를 공급하면 대기가 회복된다는 것을 알아냈다.

인간이 살아가는 데 식물이 얼마나 중요한 역할을 하는지를 일찍이 알아챈 잉엔하우스는 이 분야에 너무

---

4 원제는 『Experiments Upon Vegetables, Discovering their Great Power of Purifying the Common Air in the Sunshine and of Injuring It in the Shade and at Night』이다.

나 흥미를 느낀 나머지 네덜란드에서 영국으로 이주해 프리스틀리를 비롯한 실험화학자 동료들과 어울렸다. 그는 자체 실험을 통해 식물에서 초록빛 부위만이 산소를 만들어내 공기를 정화하며, 이런 초록 부위들은 과거에 주장되던 바처럼 흙이 아니라 공기로부터 탄소를 제거한다는 사실을 알아냈다. 그는 또 동물과 식물이 서로를 이롭게 해준다는 사실도 역설했다. 동물은 산소를 들이마시고 이산화탄소를 내쉬는 일로, 식물은 공기로부터 이산화탄소를 제거하고 산소를 대체하는 일로 서로에게 도움을 준다는 것이다. 의사이기도 했던 그는 식물의 기능에 대한 새로운 지식을 얻은 후 호흡기 질환을 앓는 환자들을 낮 동안에는 초록 식물들이 가득한 방에 있도록 했다. 또 광합성이 멈추는 밤에는 깨끗한 산소를 만들어내도록 직접 고안한 장치를 달아둔 식물을 제공해 치료에 도움을 주었다.

바늘잎이 바로 그런 장치였다. 상록 침엽과 낙엽성 활엽은 서로 모양이 달라도 같은 성분을 많이 함유하고 있으며, 비슷한 방식으로 기능한다. 모양은 서로 다른 환경에서 각각 효율성을 높이려는 방안으로 달라진 것뿐이다. 침엽수에 비해 활엽수가 여러모로 유리하다는 식의 일반화를 하기는 어렵다. 두 유형은 다양한 환경에서 발견된다. 그렇지만 대체로 활엽수는 길고 추운 겨울이 있는 기후나 저위도이면서 건기가 있는 기후에 잘 적응한다. 가을에는 잎이 지고 봄이면 새잎이 돋아나는 방식이 영하 이하로 계속해서 떨어지는 기온 속 겨우내 잎을 달고 있는 것보다 에너지가 덜 든다. 표면적이 적은 바늘잎(침엽)은 널따란 잎(활엽)보다 수분을 적게 발산하기에 햇볕이 많이 들고 건기가 긴 환경에서 잘 버틴다. 지중해 일대나 북미 서안의 경우가 그렇다.

햇빛이 너무 많으면 광합성을 억제하게 된다. 더글러스퍼는 숲머리를 이루는 종인데 이는 나무 윗부분의 가지들이 햇빛을 많이 받아들인다는 뜻이다. 또 이 나무는 원뿔모양을 띠어서 가지의 각 층이 아래 가지들을 그늘지게 하지 않는다. 침엽은 또 활엽에 비해 쌓이는 눈을 떨어뜨리기에 유리하며 당연히 가지가 부러질 위험이 덜하다. 그리고 침엽은 수액을 비교적 더 함유하고 있어 잘 얼어붙지 않는다. 다 자란 더글러스퍼의 경우, 6500만 개 정도의 침엽이 있는데 이들은 늘 활동을 하면서도 어느 것 하나 지나치게 많은 빛을 받아들이지 않는다.

한철이 지나면 떨어지는 활엽과 달리 대다수 침엽수의 바늘잎은 2~3년간 붙어 있다. 원숭이퍼즐나무(칠레소나무)**Monkey puzzle tree** 같은 일부 늘푸른나무는 잎이

15년 동안 떨어지지 않으며, 브리슬콘소나무**Bristlecone pine**의 바늘잎은 50년 동안 붙어 있다. 그래서 침엽수는 잎을 갈아치우는 데 드는 에너지를 저장할 시간이 더 많고, 그 때문에 더 많은 에너지를 만들어낸다. 잎을 1년 내내 달고 있는 침엽수는 기온뿐 아니라 빛의 양도 급격히 떨어지는 겨울 몇 달 동안에도 계속해서 광합성을 할 수 있다. 활엽수가 만들어내고 저장한 에너지와 침엽수의 데이터를 비교한 독일의 한 연구는 너도밤나무(활엽수)가 1년에 176일 동안 광합성을 하는 반면 독일가문비나무**Norway spruce**(침엽수)는 260일간 광합성 한다는 사실을 알아냈다. 잎의 전체 표면적은 적어도 독일가문비나무는 너도밤나무에 비해 58퍼센트나 더 생산적이었다.

더글러스퍼의 바늘잎은 단면도로 보면 납작한 직사각형이며, 그 속에 광합성을 하는 세포들이 있는 외피로 이루어져 있다. 활엽수의 넓은 잎과 더글러스퍼를 포함한 일부 침엽수의 바늘잎은 두 가지 유형의 세포를 갖고 있다. 외피의 안쪽면에 붙어 있는 울타리 같은 잎살(책상엽육)**palisade mesophyll** 세포와 헐겁게 차 있는 스펀지 같은 잎살(해면엽육)**spongy mesophyll** 세포다. 더글러스퍼 바늘잎의 위쪽 표면에 있는 책상엽육 세포는 해면엽육 세포가 지나친 빛에 노출되지 않도록 보호해준다. 바늘잎의 외피에 있는 기공**stoma**(stoma(스토마)는 그리스어로 숨통이라는 뜻이다)이라는 숨구멍은 보초 역할을 하는 두 개의 세포가 여닫는다. 느릅나무나 단풍나무의 것과 같은 활엽은 기공을 수백만 개 갖고 있으며, 대개 잎의 아랫면에 있다. 일부 참나무는 잎 표면적의 1제곱센티미터당 10만 개의 기공이 있다. 더글러스퍼의 바늘잎에는 그보다 기공이 적지만 어쨌든 잎의 아랫면에 기공이 있다. 이곳의 보초 역할을 하는 세포는 입술처럼 움직인다. 즉 바늘잎에 수분이 얼마나 있느냐에 따라 부풀기도 하고 오그라들기도 하는데 이 방식으로 기공을 통해 들어오는 이산화탄소의 양과 바늘잎에서 퍼져나가는 산소와 수증기의 양을 통제한다.

나무는 엄청난 양의 수분을 끌어올려서 증발시킬 수 있다. 아마존 우림지대의 나무 한 그루는 매일같이 수백 리터의 물을 끌어올린다. 우림은 녹색 바다 같은 역할을 하는데, 이는 마치 중력이 거꾸로 작용하는 듯 수분을 위로 증발시키고 있다는 의미다. 이렇게 증발되어 생긴 안개는 엄청난 수증기의 강을 이뤄 대륙 일대를 흐른다. 이러한 수분은 응축되었다가 비가 되어 내리고 나무를 통해 다시 위로 끌려 올라간다. 수분은 이렇게 오르내리기를 평균 여섯 번 정도 반복하며 서쪽으로 이동한 끝에 안데스산맥이라는 물리적 장벽에 부딪힌 다음 지구상에서 가장 거대한 강을 이루어 대륙 위를 다시 반대 방향으로 흐른다. 열대림이 114만 제곱킬로미터나 되는 인도네시아(세계에서 브라질에 이어 두 번째로 숲이 많은 나라다)는 아마존과 비슷하게 아시아 지역 내 물순환hydrologic cycle의 핵심지역이다. 전 세계적으로 숲은 계속해서 지구의 민물을 보충해주고, 날씨와 기후에서 핵심적인 역할을 하고 있다.

* * *

인류가 수천 년에 걸쳐 착취해온 분자들의 풍부한 원천이 바로 식물이다. 1817년 프랑스의 두 화학자, 파리약학대학의 약물자연사 조교수 피에르조지프 펠르티에Pierre-Joseph Pelletier와 대학원생 조지프 비에나이메 카방투Joseph Bienaimé Caventou는 알칼로이드(식물염기)와 식물의 색소를 연구하고 있었다. 그들은 스트리크닌, 퀴닌, 카페인 같은 식물염기를 발견했을 뿐 아니라 식물의 잎에 있는 초록 색소가 그들이 엽록소라고 이름 붙인 화합물이라는 사실을 밝혀냈다. 당시 그들은 몰랐지만 광합성을 가능하게 하는 화합물인 엽록소를 따로 분리해냈다.

엽록소는 다섯 가지 원소로 이루어져 있다. 생명의 네 가지 기본 원소(탄소, 산소, 수소, 질소) 외에 다섯 번째로 거의 모든 생물체에 필수적인, 흙에서 얻어내는 금속 원소인 마그네슘이다. 예컨대 인간은 건강한 뼈와 피를 유지하기 위해 하루에 200밀리그램의 마그네슘을 얻을(식물이나 식물을 먹고 사는 동물을 섭취하는 식으로) 필요가 있다. 활엽과 침엽이 초록으로 보이는 것은 엽록소 안에 든 마그네슘 때문이다. 일반적으로 분자는 햇빛의 빨간 성분과 파란 성분을 흡수하고 초록 성분을 흡수하지 못한다. 빛이 식물에서 반사될 때 우리가 보는 것은 흡수되지 않은 초록빛이다. 말하자면 흙과 식물이 마그네슘을 함유하고 있기에 초록빛 세상에서 살게 된 것이다.

미국 식물학자 도널드 컬로스 피에티**Donald Curloss Peattie**는 『꽃 핀 대지**Flowering Earth**』에서 하버드대학의 식물학과 학생이었을 당시 학교 건물 바깥에 자라는 담쟁이덩굴 잎에서 어떻게 엽록소를 뽑아낼 수 있었는지 회고했다. 그와 동료 학생들은 우선 담쟁이 잎을 끓인 다음 알코올 속에 집어넣었다. 그러자 잎은 색을 잃기 시작했고 알코올은 점점 초록빛으로 변해갔다. 그 다음 그들은 그 알코올을 물로 증류하여 벤졸을 섞었다. 그러자 용액은 분해되어 바닥에는 노란 알코올이 깔리고, 윗부분에는 초록빛 벤졸이 연못의 찌꺼기처럼 떴다. 피에티는 이렇게 묘사했다. "위에 뜬 부분은 시험관에 조심해서 따라 버린다. 그러고 나면 투명하고 묵직하고 흔들거리고 약간 찐득찐득하고 기름기 있어 보이며 비에 젖은 풀과 전쟁을 치른 잔디깎이 기계의 날에서 나는 지독한 냄새를 풍기는 엽록소 추출물을 얻게 된다." 그리고 그는 스펙트럼 분석을 이용해 엽록소 분자의 구성요소가 대단히 친숙한 것이라는 사실을 알아냈다. "한 식물학자의 도제이자 미래의 자연학자인 나를 더욱 숨 가쁘게 하는 사실이 하나 있었으니. 그것은 엽록소와 우리 피의 핵심요소인 헤모글로빈이 아주 비슷하다는 점이었다." 이는 단순히 공상 같은 비교가 아니라 말 그대로 과학적인 유사관계였다. "이 두 구조식 사이에 한 가지 중대한 차이점은 이렇다. 헤모글로빈 분자의 중추가 하나의 철 원자라면 엽록소의 경우에는 마그네슘 원자라는 점이다." 마그네슘이 초록빛 스펙트럼만 빼놓고 모든 빛을 흡수해서 엽록소가 초록빛을 띠는 것과 마찬가지로, 철이 붉은빛만 빼놓고 모든 빛을 흡수하기에 피가 붉은 것이다. 그러니 엽록소는 '초록 피'인 셈이다. 엽록소는 빛을 붙잡기 위해 만들어졌고, 피는 산소를 붙잡기 위해 만들어졌다.

해면엽육 세포 안에는 엽록체라는 조그만 꾸러미가

많이 들어 있고, 엽록체 안에는 그보다 작은 그라나**grana** 라는 꾸러미가 많이 있다. 그라나는 액체 상태의 효소와 소금에 매여 있는 엽록소와 지방질 있는 단백질이 번갈아가며 층을 이룬 것이다. 그리하여 엽록체는 태양에너지를 붙잡아서 공기를 양분으로 만드는 데 활용하는, 놀랍도록 효율적인 광전지 역할을 한다. 이산화탄소와 물을 당으로 변환시키는 데 필요한 에너지를 얻기 위해 거의 무한정으로 햇빛을 붙잡아둔다. 이렇게 얻은 에너지가 포도당 상태로 결합해 있으면 당의 분자는 저장되어 있다가 언제든지 건물 벽돌 역할을 하는 거대분자(지질, 녹말, 단백질, 핵산)로 합성하는 데 이용된다.

피에티는 질문했다. "유능한 녹색 연금술사인 엽록소는 과연 어떻게 흙 속의 찌꺼기를 살아 있는 조직으로 바꾸는가?" 뿌리에서 빨려 올라온 물은 줄기에 붙은 물관부를 통해 바늘잎으로 들어가 해면엽육 세포 가운데서 삼투작용을 한다. 이산화탄소는 기공을 통해 바늘잎으로 끌려들어간다. 햇빛의 광자가 엽록체를 치면 엽록소의 분자마다 전자 하나가 튀어나온다. 이 에너지가 분자를 자극하면 분자는 그 힘을 이용해 화학반응을 수행한다. 1초도 안 되는 순간에 일련의 반응들이 일어난다. 튀어나온 전자로부터 방출된 에너지는 물을 수소와 산소로 분해한다. 이산화탄소 역시 산소와 탄소로 분해된다. 이렇게 풀려나온 탄소와 수소, 산소는 재결합하여 탄산을 형성한다. 탄산은 즉시 폼산formic acid으로 변환되고, 다시 이 물질은 포름알데히드와 과산화수소로 변한 후 곧 물과 산소, 포도당으로 분해된다. 그런 다음 포도당 가운데 일부가 과당으로 바뀌어 나무의 긴급 용도에 쓰이고, 나머지는 녹말로 압축되어 뿌리로 보내진 다음 나중에 쓰일 때까지 저장된다. 산소와 수증기는 기공이 숨을 내쉬고 수분을 증발시킬 때 빠져나온다. 이런 과정에서 만들어지는 다른 물질은 단백질의 핵심성분인 아미노산과 여러 지방분 및 비타민이다.

이 모든 화학작용에는 빛이 필요하고, 모든 빛은 태양에서 나온다. 태양은 약 1억 5000만 킬로미터 가까이 떨어져 있지만 놀랍게도 1초당 21경 5000조 칼로리를 지구에 전한다. 사실 이 엄청난 양의 에너지는 대부분 광합성에 쓰이지 않는다. 그저 사막 모래밭이나 산비탈, 극지방의 얼음덩이나 우리 피부에 떨어질 뿐이다. 하지만 지구를 계속해서 살리기에는 충분한 정도, 불과 1퍼센트를 식물이 쓴다.

숲에는 도롱뇽도 산다

우리 더글러스퍼와 이웃에 있는 양치류, 층층이부채꽃, 분홍바늘꽃 같은 풀들로 생긴 낮고 서늘한 그늘에 북미 서부붉은등도롱뇽Western redbacked salamander 한 마리가 나타났다. 벌레를 잡으러 왔다가 잠시 멈춰 개울 바닥에 있는 포식자나 짝이 될 만한 상대가 있는지 살핀다. 더글러스퍼의 영역에서 발견되는 21개 종 도롱뇽 중 하나인 이 도롱뇽은 기다랗고 매끄럽고 검은 암컷으로, 선명한 구릿빛을 띤 빨간 솔 모양이 등과 꼬리, 다리 윗부분을 따라 흐르는 모습을 띠고 있다. 도롱뇽의 배는 하얗고 까만 얼룩이 있는 옅은 빛깔이고, 그늘 속에서 가만히 있을 때면 갈빗대가 풀무처럼 부풀었다 오므라든다. 이 도롱뇽은 허파 없는 양서류인데, 즉 입을 통해 숨을 쉬는 것이 아니라 피부를 통해 산소를 바로 흡수한다. 이를 위해 작은 구멍이 대단히 많은 외피를 발달시켰는데 그 탓에 탈수의 위험을 늘 갖고 있다. 그래서 이 도롱뇽은 어둡고 축축한 미세기후에서만 발견된다. 그의 피부는 우리 폐의 내벽만큼이나 섬세하고 연약하다.

얼룩도롱뇽Clouded salamander이나 엔사티나도롱뇽Ensatina 같은 북미 서부의 허파 없는 도롱뇽들은 고목들이 있는 숲의 바닥에 쓰러져 썩어가는 통나무 속에서 지내기를 좋아한다. 그 속에는 먹이가 되는 톡토기 같은 절지동물이 많을 뿐 아니라 불이 나도 견디기 좋을 정도의 습도가 항상 충분하기 때문이다. 반면 붉은등도롱뇽은 삼림 개척지나 불에 탄 자리 같은 탁 트인 곳에서 더 자주 발견된다. 대개 자갈이 많이 섞인 흙에 직사광선이 거의 없는, 서쪽을 향한 돌 부스러기 비탈인데 그것도 물 건너편의 낮은 보호림이 있는 곳이다. 도롱뇽은 변온동물이다. 붉은등도롱뇽은 다른 종에 비해 따뜻한 곳이 좀 더 좋은 듯하다. 이 도롱뇽의 활동 영역은 2제곱미터밖에 되지 않을 정도로 대단히 좁으며, 그런 영역을 방어할 걱정은 별로 하지 않는 듯하다. 숲에서 도롱뇽의 조밀도는 헥타르당 800마리 정도로 대단히 높아서 영역 방어에 치중하다 보면 에너지를 너무 많이 소모하게 된다. 또 이 녀석은 다른 도롱뇽과 마주치기 쉬운 썩어가는 통나무는 대체로 피해 다니고, 통나무 속으로 들어간다 해도 썩고 있는 적목질 깊숙이 파고들기보다는 나무껍질 바로 밑에서 지내려고 한다. 또 칼고사리**sword fern** 같은 고사리의 밑부분에 있는 구멍도 좋아한다. 4월이면 짝짓기를 하고 6월에 알을 낳는데 수생 도롱뇽들처럼 물에 알을 낳기보다는 땅에 낳기를 더 선호한다. 새끼가 알에서

도롱뇽에게 나무는 먹고사는 데 무척 소중한 거처다.

나올 때는 생김새가 부모와 완벽히 같고 그저 크기만 아주 작을 뿐이다.

도롱뇽은 전 세계적으로 600종 정도 알려졌으며 널리 분포해 있다. 더글러스퍼 나무들이 지금의 숲 일대에서 우세해졌을 즈음, 도롱뇽은 유럽과 소아시아, 아프리카에서 언급됐다. 그중 무늬가 노란, 전설적인 불꽃도롱뇽**Fire salamander**이란 종이 있었다. 그 당시 말 한 마디가 모두 법칙과 같았던 아리스토텔레스에 따르면 불꽃도롱뇽은 실제 불꽃을 견딜 수 있었다고 한다. 워낙 냉혈 체질이어서 불길 가운데를 걸어다니기만 해도 불이 꺼져버렸다는 것이다. 또 17세기까지만 해도 집 벽난로 속 타는 장작 위에 도롱뇽이 편히 쉬고 있는 모습을 보았다는 이야기도 있었다. 또 도롱뇽은 대단히 독이 많다고 알려졌다. 알렉산더대왕이 도롱뇽 단 한 마리가 빠진 개울물을 마신 자신의 군사 4천 명과 2천 마리의 말이 바로 죽었다는 기록을 남기기도 했다. 그래서 만일 도롱뇽이 나무를 타고 오르면 그 나무의 과실은 독을 품는다고 여겼다. 이런 신화가 생겨난 과학적 근거가 있을 수 있다. 실제로 특정 도롱뇽들은 묽은 우유 같은 물질을 분비하는데, 이 신경독소가 너무나 치명적이라서 포식자 대부분이 그들을 그냥 내버려둔다.

도롱뇽 가죽도 유명했다. 불에도 끄떡없다고 알려진 도롱뇽 가죽으로 만든 망토는 연금술사나 마술사라는 소리를 듣고 싶은 사람들뿐 아니라 교황도 가지고 있을 정도였다. 그러나 그런 평판은 잘못된 것이었다. 디오스코리데스가 수십 마리의 도롱뇽을 불 속에 던져 넣고 (확실히 이보다는 더 세심한 관찰이 필요했다) 어찌 되는지 알아보았는데 결과는 다 타버렸다는 것이다. 1271년부터 25년간 중국에서 체류했던 마르코 폴로도 불꽃도롱뇽을 찾아보았으나 허사였다. 그는 1296년 베니스로 돌아와 이렇게 기록했다. "불 속에서도 살 수 있다는, 뱀 모양을 한 도롱뇽에 관한 흔적을 동방에서 찾아보았으나 발견할 수 없었다." 폴로는 불꽃도롱뇽을 보지는 못했지만 친치탈라스 지역에서 이뤄진 도롱뇽 피륙 제조에 관한 기록을 남겼다. 그것은 '산에서 구해온 재료'로 만든 것으로, '모직과 별로 다르지 않은 섬유'로 이뤄졌다. '볕에 내놓고 말린 뒤 놋쇠 그릇에 넣고 두드린 다음 흙 성분 같은 것이 다 빠질 때까지 말린 것'이었다. 이렇게 해서 만들어진 모직을 실로 자아낸 다음 천으로 짰는데, 이것을 불에 한 시간 동안 집어넣으면 하얗게 변했다가 그 뒤부터는 타지 않게 되었다. 폴로는 산에서 캐냈다는 재료가 화석이 된 도롱뇽 껍질일지도 모른다고 생각했다.

지금 우리는 이것이 석면asbestos[5]이라는 것을 안다. 폴로는 덧붙여 말했다. "로마에서는 이것으로 만든 냅킨을 보관하고 있다 하는데, 이는 칸이 교황에게 보낸 선물로 예수 그리스도의 얼굴이 그려진 성스러운 천을 감싸는 데 쓰였다."

도롱뇽의 염색체 세포는 인간을 포함한 포유류의 것보다 약 100배는 많은 염색체 DNA로 가득 차 있다는 사실이 알려져 있다. 그 안에 있는 요소들이 모두 무슨 역할을 하는 것인지는 아무도 모른다. 어쩌면 유전학자들이 '잡다한 DNA'라 부르는, 그저 기능하는 DNA의 복제판에 불과할지도 모른다. 하지만 아리스토텔레스가 본 바와 같이 일반적으로 자연에는 그 어느 것 하나 불필요한 것이 없다. 그래서 도롱뇽은 아직도 수수께끼 같은 존재다. 최근 알려진 사실 하나는 그 수가 줄어든다는 것이다. 국제자연보전연맹IUCN에서는 도롱뇽 수백 종의 멸종 위험도를 상위 단계인 취약, 위기, 위급으로 분류한다. 지구온난화로 여름이 길어지면서 더욱 덥고 건조해져 전

---

5 사문석 또는 각섬석이 섬유질로 변한 규산염 광물. 산성이나 염기성에 강하고 열과 전기가 잘 통하지 않아서 방열재, 방화재, 절연용 재료 따위로 많이 쓰인다.

세계 도롱뇽의 개체 수가 줄어들고 있는 것이다. 신화를 간직한 불꽃도롱뇽의 후예이지만 이 섬세한 생물은 극심한 더위에 면역을 갖추고 있지 않다.

* * *

바다에서 바람이 불어온다. 우리의 어린 더글러스퍼 너머에 있는 개울가를 따라 자라난 어린 활엽수들의 잎을 흔든다. 어린 더글러스퍼도 나중에 더 자라면 바람으로부터 자신을 지켜야 할 것이다. 바람은 수관을 흔들어 젖히고, 가지를 부러뜨리겠다며 위협하고, 흙 속에 뿌리박은 곳을 약하게 만들며, 나무 아랫부분의 숲 바닥에 붙은 불을 부채질하고, 씨앗을 나무의 영역 밖에 있는 산 높은 곳으로 흩뿌릴 것이다. 폭풍은 거대한 숲의 생김새와 짜임새를 결정하는 데 있어 불을 잇는 존재다. 앞으로 500여 년 동안 시속 200킬로미터가 넘는 폭풍이 우리의 더글러스퍼를 향해 몇 번이나 불어닥칠 것이다. 그렇지만 바람은 지금은 다소곳하다.

{3장}

성장

GROWTH

처음에 꽃이 피지 않는 양치식물 숲이
그 옛날 어스레한 호수에 그림자를 던질 때,
막연하지만 오래된 불안감이
초록과 금빛 가득한 양치식물 큰 잎을 흔들었다.

— A. 메리 F. 로빈슨A. Mary F. Robinson, 「다윈주의Darwinism」

불이 난 지 16년이 지났다.

불이 난 곳은 이제 숲속의 검게 탄 빈터가 아니라 한 번 베여 나간 듯한 푸른 자국이다. 불에 타지 않은 부분에 비해 덜하긴 하지만 분명 활력을 되찾은 모습이다. 숯 냄새는 이미 공기 중으로 날아가버린 지 오래다. 강수량이 150센티미터나 되었던, 유난히도 많은 비가 내린 봄이 지나간 뒤 여름은 덥고 건조했으며 숲은 놀랍도록 무성해졌다. 이제 초가을이 되었다. 산마루에서 개울은 보이지 않는다. 시커먼 줄기와 숲 바닥의 비틀린 뿌리 사이로 개울이 흐르고 있다는(반짝이는 초록빛 선이 보이기에) 느낌뿐이다. 숲은 아직 조용하다. 하지만 그것은 불이 난 뒤 깔린 죽음의 침묵과 다르다. 그보다는 휴식의, 기다림의 고요 같다.

미삼나무와 큰잎단풍나무**Bigleaf maple**, 덩굴단풍나무**Vine maple**는 불이 난 곳에서도 자라나 이제 숲 군락의 일부를 이룬다. 강둑을 따라 자라난 침엽수림 사이에 좀 더 짙고 반짝이는 줄무늬로 구분되는 붉은오리나무**Red alder**가 굽이굽이 자라 있다. 탁 트인 곳이면 마흔 살의 다 자란 붉은오리나무는 24미터까지 자란다. 하지만 지금 그들에게 그늘을 드리우는 더글러스퍼가 그렇듯, 붉은오리나무도 그늘을 견디지 못해서 아마 이 숲에서는 오래 살지 못할 것이다. 키가 미처 다 자라나기 훨씬 전에 나이를 먹은 나무들이 죽어버려 탁 트여 버린 숲 바닥은 어둡고 약간은 단조로워 보일 것이다. 하지만 지금은 바닥층에 있는 이 붉은오리나무들의 매끄럽고 흰색에 가까운 줄기들이 어두운 덤불숲에 말없이 서 있는 빛의 기둥 같다. 외로운 솔새인 윌슨솔새**Wilson's warbler**와 겨울의 검은눈방울새**Dark-eyed junco**에게 이 나무는 벌레와 거미, 씨앗을 구할 수 있는 믿을 만한 원천이다.

붉은오리나무라고 부르게 된 것은 이 나무의 속껍질에 붉은 색소가 있기 때문이다. 코스트살리시족은 해마다 불탄 곳까지 올라가 개울가에서 하루 이틀 야영을 하는데 낮 동안에 이 나무의 껍질을 삼각형 자국이 나도록 벗긴다. 그리고 벗긴 껍질을 두루마리에 단단히 말아 놓고 야영이 끝나면 해안의 마을로 가지고 간다. 그들은 속껍질을 두드려서 색소를 뺀 다음 물고기기름과 섞은 뒤, 이 혼합물을 미삼나무로 만든 옷감과 개털로 만든 담요를 장식하는 데 썼다. 해안지대 사람들은 그들을 길러 주는 두 개의 영역, 즉 앞에 있는 바다와 뒤에 있는 숲 사이에서 안전하게 균형을 이룬 삶을 산다는 의식을 지녔다. 위와 아래, 즉 하늘과 땅에 대해서는 그다지 개의치 않았다. 해안지대와 숲지대에 대한 지식과 경험을 고루 갖추려 했다. 붉은오리나무 숲에서 야영할 때 밤마다 가장은 아이들에게 나무들의 이름과 성질을 가르쳤다. 미솔송나무의 껍질로 회갈색 풀을 만들어 고기잡이용 그물을 염색하면 연어의 눈에 띄지 않는 그물이 되었다. 미삼나무는 약이나 연장, 카누, 일자형 공동주택을 만드는 데 쓰였다. 큰잎단풍나무의 큰 잎은 훌륭한 열매 바구니가 되고, 미루나무 잎은 찧으면 피부에 착 들러붙기 때문에 붕대로 쓰기 좋았다. 더글러스퍼는 가볍고 화력이 대단히 뛰어난 땔감이었다. 비록 나무껍질이 불꽃을 많이 튀기긴 하지만 무척 잘 타기 때문에 이 나무의 푸른 가지는 스웨트 로지sweat lodge에서 인간의 정신과 마음을 정화하기 위해 태우는 데 쓰이기도 했다. 또 가장은 여러 이야기를 들려주곤 했다. 이를테면 최초의 부족 사람들이 대홍수 때 통나무 속을 파내어 만든 카누를 타고 떠다니다가 대피소로 삼아서 목숨을 구하게 해준 신성한 마드론이나 아르부투스Arbutus 나무에 대한 이야기였다. 모든 이야기는 그들의 삶이 그랬듯 땅과 바다에 관한 것이었다.

싹을 틔우기 위한 만반의 준비

우리의 더글러스퍼는 이제 키가 8미터가 되었다. 위로 갈수록 가늘어지는 줄기에서 뻗어나온 가지가 16층을 이룬다. 그중 아랫부분 여덟 개 층은 아래로 처져 있다. 줄기의 지름은 아랫부분이 35센티미터다. 가지 끝에 새로 돋아난 싹들은 원래 있던 잎보다 색이 더 밝고 그 밑에 새로 눈이 트고 있다.

흙의 깊이가 충분한 곳의 로지폴소나무나 폰데로사소나무 같은 침엽수처럼 더글러스퍼는 주근을 땅속 깊숙이 박는다. 이로써 나중에 땅 위로 엄청나게 솟아오를 상부구조를 지탱할 수 있을 것이다. 상록수도 곁뿌리를 그물처럼 뻗어서 나무가 지탱할 수 있는 기반을 만든다. 옆으로 뻗은 굵은 뿌리 중 일부는 땅 위로 구부정하게 튀어나오기도 하는데 그 모습은 마치 청어를 먹기 위해 만으로 들어온 회색고래들이 다이빙할 때의 구부정한 등 같다. 이런 뿌리들이 햇볕에 드러나는 곳에 있을 때 엽록소가 속껍질로 분배되며 속껍질은 부분별로 성장호르몬을 만들어내 물관부를 통해 양분 이동이 촉진되도록 돕는다. 옆으로 뻗은 상록수의 뿌리와 이웃한 더글러스퍼의 뿌리가 마주칠 때 두 뿌리줄기는 때로는 수직으로, 때로는 직각으로 서로 접목되어 하나의 도관을 형성한다. 그렇게 두 나무는 하나로 접목된 체관부를 통해 호르몬과 녹말을 공유하며 서로 돕는다.

작은 숲을 이룬 사시나무는 뿌리와 관련해 다른 유형의 관계를 맺는다. 사시나무 줄기는 사실상 하나의 뿌리 체계에서 자라나는 복제생물이라 할 수 있다. 이는 하나의 유기체가 여러 다른 가능성을 이용할 수 있게 해주는, 즉 높고 건조하고 볕 많은 땅에서부터 낮은 지대의 습한 골짜기 바닥과 강둑에 이르기까지 여러 조건을 이용하게 하는 적응 사례다. 척박한 토양에서 자라는 사시나무라도 뿌리를 통해 비옥한 토양에서 자라는 사시나무의 양분을 받아들일 수 있기 때문이다. 이렇게 군체를 이루고 사는 사시나무들은 상당히 넓은 지역을 차지할 수 있다. 유타주에 있는 어느 사시나무 군체의 경우, 13만 평이나 되는 면적을 차지하고 있는데 무게로 따지면 6천 톤이 넘는다. 이 군체는 거대한 자이언트세쿼이어 한 그루 무게의 세 배나 되는 수준으로, 지구상에서 가장 큰 생명체 가운데 하나다. 세계에서 가장 큰 단일생명체로 꼽을 수 있는 것은 오리건주 북동부에 있는 블루마운틴의 혼합 침엽수림에 있는 잣뽕나무버섯**Armillaria ostoyae** 진균류다. 이 버섯은 나이가 무려 8,500살이며 3.8킬로미터에 걸쳐 300만 평이나 되는 면적을 차지하고 있다.

우리의 더글러스퍼는 외생 균근균적 협력 관계를 통하여 다른 나무의 뿌리로부터 도움을 받는다. 예컨대 붉은오리나무는 공기 중의 질소를 제거하여 흙 속에 고정하는 능력이 탁월하다(이때 질소의 양은 1년에 헥타르당 300킬로그램에 달하는 것으로 기록되는데 이는 이 숲에 앞으로 200년 동안 필요한 양이다). 그리고 이 질소를 박테리아가 분해하면 진균류는 그것을 빨아들여서 우리의 더글러스퍼를 포함한 다른 나무들의 뿌리로 보내준다. 그 대가로 붉은오리나무의 뿌리는 자체 내에 저장된 녹말의 10퍼센트를 이웃들로부터 받아들인다. 어린 더글러스퍼는 같은 종뿐 아니라 다른 종과 관계를 맺고 숲 생태계의 일부가 되어 도움을 얻고 생존 가능성을 키울 것이다. 질소를 고정하는 붉은오리나무의 뛰어난 능력에도 불구하고, 만일 가파른 비탈과 얇은 토양에 무수히 많은 비가 쏟아진다면 질소의 상당 부분이 강과 바다로 떠내려가 버릴 것이다. 모든 숲에서 흔히 질소 농도는 성장에 영향을 미치는 중요한 요소다.

* * *

4월 초면 나무줄기를 따라 있는 분열조직과 가지들이 분화하여 겉껍질과 변재 바깥 부분 사이에 낀 새로운 부름켜를 만들어낸다. 이렇게 어린 더글러스퍼는 지난해에 자란 켜에 살아 있는 새로운 세포의 켜를 더하며 자란다. 묵은 세포는 죽은 뒤에 적목질의 가장 바깥 둘레가 되고, 새로운 변재가 수분을 전달하는 임무의 대부분을 떠맡는다. 해마다 나무는 축을 중심으로 새로운 나이테를 만들어낸다. 나이테는 꼭대기 부분보다 살아 있는 수관의 아랫부분이 약간 더 두껍고, 나무의 아랫부분으로 갈수록 더 많아진다. 그 결과, 나무의 줄기는 위쪽이 점점 더 상대적으로 가늘어지는 모양이 된다. 줄기가 점점 가늘어지는 각도는 수관과 아랫부분 사이보다는 가지의 제일 아랫부분과 꼭대기 사이의 수관에서 더 급해진다.

봄이 되어 기온이 섭씨 5도 이상으로 올라가면 수관 부분의 분열조직 세포가 옥신을 분비한다. 이는 시간당 5~10센티미터 비율로 줄기 아래로 퍼지면서 부름켜의 성장을 촉진한다. 전년에 눈(새순)이 만들어진 곳에서는 옥신이 축적되어 세포가 더 빨리 분화하며 새로운 가지가 되는 부분의 성장을 도울 것이다. 5월 중순이 되면 이런 눈들이 트기 시작하고 초록 물감에 담근 붓 같은 조그만 바늘잎들이 끄트머리에서 돋아난다. 이 눈들 가운데 일부는 새로운 가지로 자랄 것이고, 이번 해에는 나머지 일부가 구과로 자라나 꽃가루를 만들고 수정하여 씨앗을 퍼뜨리는 17개월의 여정을 시작할 것이다.

구과를 탄생시킬 꽃이 될 눈은 주로 나무 꼭대기 부근의 묵은 가지에 자리 잡고 있다. 그중 가지 아랫부분 가까이에 있는 것이 웅성**雄性**인 수꽃이 되고, 가지 끝쪽에 있는 것은 자성**雌性**인 암꽃이 된다. 새로 난 눈이 가지가 될지, 꽃이 될지는 7월 중순이 되어야 알 수 있다. 눈의 나이가 10주쯤 됐을 때는 모두 가지가 될 것 같이 보이지만 가을이 오면 점차 차이점이 뚜렷해진다. 가지가 되는 눈은 잎원기**leaf primordia**(일종의 돌기)의 나선형을 띠고, 수꽃이 되는 눈은 새로운 잎처럼 보이지만 결국에는 꽃가루주머니의 나선형을 보이며, 암꽃이 되는 눈은 더글러스퍼 암꽃의 특징인 쥐꼬리 같은 포bract[1]의 나선형을 갖는다.

9월이 되고 눈은 휴면 상태에 들어간 듯 보인다. 하지만 그 속에선 세포분열이 계속된다. 겨울 동안 속도가 더뎌지긴 하지만 어느 정도의 생리적 활동도 계속한다. 가지가 될 눈보다는 꽃이 될 눈에서 겨울 활동이 더 많이 일어나며, 수꽃보다는 암꽃의 활동이 더 많다. 이런 활동의 일부는 광합성 에너지 덕분에 가능하다. 겨울 기온이 섭씨 5~6도 이상이 되는 한 더글러스퍼는 겨울에 필요한 녹말을 최대한 저장하기 위해 광합성을 멈추지 않는다. 그렇긴 해도 녹말의 대부분은 변재와 잎에 저장된 에너지에 의존한 채 잠을 청할 것이다. 겨울을 나기 위해, 그리고 봄의 첫 출발을 위해 여름 내내 열심히 모아둔 에너지다. 이 과정은 우리 나무의 긴 여생 내내 2년에 한 번씩 반복될 것이다.

---

1 잎의 변형으로 꽃이나 눈을 보호한다.

생명이 번성하기 위해서는…

침엽수는 땅에서 솟아오른 기둥처럼 위로 똑바로 자라는 것 같아 보이지만 사실은 공기를 가르며 날아가는 미사일처럼 땅 위로 돌돌 말리며 올라온다. 이런 성장 패턴을 수학적으로 표현하여 나선역학dynamic spiral으로 비유하면 점점 가늘어지는 줄기와 가지, 화살촉 모양의 수관을 설명할 수 있다. 나무껍질 바로 밑에 있는 결은 나선형을 이루며 위로 자란다. 그래서 줄기의 모양이 나무의 모양과 비슷한 것이다. 둘 다 대수적인 생장 패턴의 결과이기 때문이다. 해마다 새로 자라는 부분이 둘레뿐 아니라 키도 크게 하는 것도 이와 같은 이치다. 이러한 나선형 성장 패턴은 바닥의 둘레만큼 전체적인 길이도 자라는 많은 자연물에서 나타난다. 대다수 연체동물의 껍질이나 일각돌고래와 코끼리의 비틀린 엄니, 장미꽃 가운데 부분에서 겹쳐 자라는 꽃잎 등이 모두 그런 것이다. 또한 태양계 전역에 있는 나선은하들이나 인간의 반수체haploid 세포에 매여 있는 DNA의 이중나선형 고리에서도 뚜렷이 드러난다.

겉보기나 관계 방식이 완전히 다른 것 같아도, 식물의 생식과 동물의 생식 사이에는 차이가 별로 없다. 식물도, 동물도 두 부모의 유전물질을 결합하여 자손을 만들어내기 때문이다. 침엽수의 암꽃에는 밑씨가 들어 있으며, 밑씨에는 각각 난세포가 들어 있다. 수꽃에서 나온 웅성 생식세포로 수정된 난세포는 씨앗이 되는데, 나무의 경우 씨앗은 배와 양분으로 이루어져 있다.

소나무의 구과인 솔방울에는 중심축 둘레로 나선형으로 배열된 비늘껍질이 달려 있는데, 어느 껍질 하나 다른 것 바로 위에 놓인 법이 없다. 그리고 열매 전체 덩어리가 밀랍과 송진으로 봉해져 있다가, 봄이면 수분을 배출하고 여름 가뭄 때면 수분을 함유하면서 가을에 씨앗을 퍼뜨릴 적당한 조건이 될 때까지 기다린다. 작은 가지 아랫부분에 매달려 있는 수꽃은 꽃가루가 든 구과 모양이다. 수꽃은 암꽃보다 크기가 작고 더 천천히 자란다. 첫해의 대부분과 겨울을 날 때까지 새순의 비늘껍질에 싸인 채 있으면서 가만히 세포분열을 한다. 그리고 이듬해 2월이 되면 각 꽃가루주머니에서 성숙한 세포 다섯 개짜리 가루 알갱이(입자)를 만들어낸다. 구과 모양의 수꽃은 봄이 되어 꽃가루가 퍼져나갈 때가 되기 바로 전에 벌어진다. 수꽃은 벌집의 수벌과 같이 대기 중에 있는 꽃가루제공자다. 암컷에게 봉사하도록 호출받을 때까지 조는 듯 가만히 있다가 임무를 마치고 이내 죽고 만다. 수

붉은등들쥐는 단단하게 겹겹이 쌓인 솔방울의 갑옷을
어떻게 쉽게 벗길 수 있는지 잘 안다.

꽃은 가운데 축과 비늘껍질로 이루어져 있으며, 각 비늘껍질 밑에는 두 개의 꽃가루주머니가 있다. 가지 아랫부분에는 수꽃이 더 많으며, 암꽃은 그보다 높은 곳에 매달려 있다. 이는 4월이 되어 수꽃에서 꽃가루가 날릴 때 같은 나무의 암꽃과 수정되는 일을 줄이기 위한 배려다. 대신에 꽃가루는 바람을 타고 날아가서 이웃 나무의 암꽃에 내려앉는다.

암꽃의 여정은 수꽃보다 훨씬 더 복잡하다. 암꽃은 2월에 성장이 시작되는데, 중심축이 길어짐과 동시에 새순의 비늘껍질이 커지면서 제 모습을 갖춘다. 이 무렵이면 암꽃이 가지에 수평으로 배열된다. 옥신이 많이 축적되어 있는 암꽃 구과의 절반 이하 부분의 생장이 더 활발해서 암꽃은 위로 굽게 된다. 그리고 4월이 되어 눈이 터질 때가 되면 곧추선다. 포의 밑부분은 비늘껍질이며, 껍질의 밑에는 두 개의 밑씨가 붙어 있다. 밑씨의 가운데 축 끝부분에는 미세한 구멍이 있는데, 결국 이 구멍을 통해서 어린뿌리가 돋아난다. 수꽃에서 나온 꽃가루 입자는 곧 이 구멍으로 들어가서 수정을 향한 여행을 시작할 것이다.

3월이면 수꽃이 커지기 시작하는데 이때는 꽃가루 입자가 다 발달했을 때다. 수꽃 구과의 축이 길어지면서 새로 자라는 부분이 비늘껍질을 밀어젖히고, 4월이 되어 새순이 돋아나는 동안 꽃가루는 갇혀 있던 주머니에서 풀려나온다. 이제 대기는 꽃가루 비로 흠뻑 젖는다. 가지에는 암꽃들이 곧추선 채로 아주 작은 우산 같은 포를 활짝 펴고 있다. 바람을 타고 날아온 먼지 같은 꽃가루 입자가 호우처럼 쏟아지는 것을 받아들일 완벽한 자세다.

바람을 쓰는 수분은 자연스럽긴 하지만 미덥지 않은 모험이다. 식물들의 수분 방식 가운데 꽤 원시적인 방법으로 여겨진다. 꽃가루가 떨어지는 자리를 도무지 통제할 수 없기 때문이다. 반면에 곤충을 통한 수분은 곤충에게 들러붙은 꽃가루가 같은 종의 다른 꽃을 만나게 될 가능성을 높인다. 실제로 많은 종이 바로 이 목적 때문에 특정 곤충들에게 매력적으로 보이는 꽃을 진화시킨다. 하지만 침엽수는 날아다니는 곤충이 존재하기도 전부터 수분 기법을 발전시킨 바 있다. 속씨식물**angiosperm**이라고도 하는 꽃식물은 6600만 년 전에 끝난 백악기 동안에만 진화했을 뿐이지만 송백류, 소철류**cycad**[2], 은행나무와 같은 겉씨식물**gymnosperm**은 이미 3억 년 이상 존재해 왔다.

---

2 야자수 같은 열대 나무.

나무와 양치식물이 구분되기 시작하던 페름기 **Permian Period**3에는 꽃가루를 퍼뜨리는 방법에 별로 선택의 여지가 없었다. 물을 이용할 수도 있었으나 물은 땅에서 흐르는 것이었다. 육지에 사는 동물들도 있었지만 그들 역시 땅에서 살았다. 나무의 생식기관은 땅에서 한참 위 공중에 있으니 그 위의 꽃가루 입자를 어디로든 날라다 줄 것이 바람 말고 달리 무엇이 있었겠는가? 번성을 이룬 나무는 꽃가루 입자를 아주 작고 잘 분리되도록 만들어내 미풍이 조금만 불어도 날아올라 아주 많이 흩어지게 할 수 있는 것들이었다. 그리하여 꽃가루 가운데 일부가 다른 나무의 암꽃에 내려앉는 확률을 0퍼센트보다 훨씬 더 높일 수 있는 것들이었다. 바람으로 수분을 하는 식물은 대개 천문학적인 양의 꽃가루를 만들어내 공기를 뿌연 안개처럼 만들고 산속 호수의 수면을 덮어버린다. 역시 바람에 의존하는 자작나무나 개암나무 같은 꽃식물들은 수꽃차례 하나당 500만 개나 되는 꽃가루 입자를 만들어내는데 한 그루에 이런 꽃차례가 수천 개나 달려 있다. 이는 생식 방식치고 참으로 무차별적인 접근

---

3 약 2억 9,890만 년 전부터 2억 5,220만 년 전까지의 고생대의 마지막 시기.

법이지만 그런대로 통하는 방법인 것 같다. 이는 분명 자가수분보다는 나은 방법이다. 자가수분은 나중에 나온 식물(예를 들어 가장 최근에 생긴 일년초**annual weeds** 같은) 중 일부가 선택한 방법이다.

* * *

다윈이 "자연은 (…) 영구적인 자가수분을 혐오한다."라고 말한 바 있다. 아마도 그가 동물의 근친교배와 마찬가지로 오랜 기간에 걸친 자가수분이 종을 약화시킨다는 점을 알았기 때문일 것이다. 자가수분을 혐오하는 것은 빅토리아 시대의 자만심만은 아니었다. 대부분의 인간사회에서는 근친교배, 특히 친남매나 부모 자식 간의 근친상간을 반하는 금기가 있었다. 일부 사회, 예를 들어 서구 문명과 접촉하기 이전의 이누이트족은 14촌지간까지 결혼을 금지했다. 많은 사회관습이 과학적으로 신빙성 있는 설명이나 근거를 대지는 못하지만 이러한 사회적 금기에는 충분한 유전학적 근거가 있다.

유성생식을 하는 유기체에는 두 세트의 염색체가 있다. 하나는 웅성 어버이에게서, 다른 하나는 자성 어버이에게서 받은 것이다. 그런 유기체를 이배체**diploid**

라 하며 각 정세포와 난세포에 들어 있는 염색체 한 세트를 반수체라 한다. 염색체 하나에는 수백 개의 유전자가 들어 있으며, 이들은 줄에 달린 구슬처럼 염색체를 따라 배열되어 있다. 이 유전자들은 상동염색체**homologous chromosome**라고 하는 다른 염색체에도 들어 있다. 상동염색체의 같은 위치에 있는 유전자는 각각의 대립 유전자(대립형질)라 하며 이는 똑같은 것일 수도 있고, 다른 것일 수도 있다. 예를 들어 완두콩 색깔을 결정하는 유전자의 형태가 두 가지 있는데 하나는 노란색을 만들어내고, 다른 하나는 연두색을 만들어낸다고 하자. 완두의 두 대립 유전자는 모두 노란색이 되거나 연두색이 될 수도 있고, 하나는 노란색이 되고 다른 하나는 연두색이 될 수도 있다. 유전자 하나는 노란색 콩을 만들어내는 것이고 또 하나는 연두색 콩을 만들어내는 완두가 있을 때, 노란색을 위한 유전자는 연두색을 위한 유전자에 대해 우성이라 하고, 연두색을 위한 유전자는 노란색을 위한 유전자에 대해 열성이라 한다. 다른 동물들과 마찬가지로 인간은 누구나 유전자가 두 세트일 경우에 열성의 대립 유전자를 가지고 있으며, 이런 유전자들이 있어서 죽음이나 기형, 기타 단점들이 나타난다. 친척 관계가 아닌 사람들이 자식을 낳으면 특정 기질에 대해 같은 열성 대립 유전자가 나타날 확률이 대단히 낮다. 반면에 혈연이 가까운 쌍일수록 둘 다 같은 열성 대립 유전자를 가지고 있을 확률이 높아지며, 아주 가까운 근친 결혼은 그 확률이 천문학적으로 높아진다. 일부 유전성 질병의 경우, 1만 분의 1이었던 확률이 20분의 1 수준으로 치솟는다. 세대를 거듭해서 계속 근친교배를 하면 확률이 더더욱 높아지며 열성 인자를 물려받을 가능성이 그렇지 않을 가능성만큼 높아지는 그룹이 금세 나타난다. 만약 물려받은 변이 가운데 특정한 것이 개체들의 환경 적응에 부적절하면 그 변이는 완전히 없어진다. 개체들이 새로운 환경이나 바뀐 환경에 잘 적응하게 해주는 변이는 이로움을 주고, 훨씬 더 나은 선택적 우위를 부여해준다. 하지만 다윈은 지속적인 근친교배가 적응에 도움이 되는 경우를 본 적이 거의 없었다.

한때는 특정 환경에 대단히 잘 적응한 유기체가 다른 유기체를 전부 대체해 높은 생존율을 부여해주지 못하는 유전자를 전부 제거한다는 생각이 지배적이었다. 달리 말해 개체들이 점점 더 유전적으로 비슷해지는, 즉 동질적으로 된다고 생각한 것이다. 1960년대에 들어 분자생물학 기술이 발달하면서 유전학자들은 초파리 등을 대상으로 유기체 개체별로 특정 유전자가 어떤 결과를 낳는지 살펴보기 시작했다. 그들은 그런 개체들이 가진 유전자의 인자가 전부 상동적일 것이라고 예상했다. 놀랍게도 결과는 그 반대였다. 특정 유전자들을 조사해본 결과, 다른 형태의 대립 유전자들이 풍부하게 발견되었던 것이다. 이러한 다양성을 지금은 유전적 다형성**genetic polymorphism**이라 부르며 건강히 잘 적응한 종을 일컫는 말이 되었다. 벵갈호랑이나 판다처럼 유기체의 개체수가 소수로 줄어들게 되면 종의 건강을 확보해줄 만한 유전적 다양성이 충분하지 않게 된다. 그러면 결국 같은 종의 모든 구성원이 유전적으로 비슷해지며, 모든 교배는 당연히 근친교배가 되어버린다.

섬이나 대단히 작은 생태적 격리지역 같은 제한된 영역에 집중된 개체들의 숫자가 많은 종의 경우, 유전적 다형성을 유지하는 일은 직관적으로 그럴듯해 보이지 않을 수 있다. 왜 주어진 환경에 맞는 최적의 대립 유전자 조합에 집중하지 않고 다양성을 선택할까? 환경이 절대 변하지 않는다면 이런 생각이 통할지도 모른다. 하지만 지질학적 시간 개념으로 볼 때, 변화하는 것이 정상이다. 지금의 태양은 처음 떠올랐을 때보다 거의 30퍼센트는 더 뜨거워졌다. 산맥들도 무수히 생겨났다가 많이 닳아버렸다. 바다는 차올랐다가 빠지기도 했다. 빙하시대가 왔다가 물러간 적도 있다. 그 오랜 시간 동안 생명만은 살아남았으며 오히려 번성했다. 유전적 다형성은 주어진 종에서 오직 이질적인 유전자 집합만이 가능하도록 한다. 그리하여 그런 유전자 집합이 다양한 조합을 제공하게 하고 그 조합 가운데 일부가 어버이의 조합보다 바뀐 환경에 더 잘 적응하도록 만든다.

다양성은 복원성과 적응성을 제공한다. 자연은 일련의 접점을 가진 '다름'에서 구축된 것으로 보인다. 말하자면 종 안에는 나름의 개별적인 유전자 다양성이 있고, 서식지 안에는 다양한 종류의 종이 있다. 또 생태계 안에는 서식지의 다양성이 있으며, 지구에는 다양한 생태계가 있다. 이것이 생물권 안에 있는 생명에게 복원성을 부여해주는 다양성이다. 캐나다 문화인류학자 웨이드 데이비스**Wade Davis**의 지적대로, 적응력 있는 생존을 위해 다양성이 중요한 또 다른 권역이 있다. 바로 인간 세계다. 북극의 이누이트에서부터 아마존의 카야포 부족, 오스트레일리아의 원주민, 칼라하리사막의 산**San** 사람들에 이르기까지 전 세계의 인간 문화권은 수백 세대를 거치며 축적해온 지식 덕분에 놀랍도록 다양한 환경 속에서 번성할 수 있었다. 그런 지식의 바탕은 장소, 즉 우리가 고향이라 부르는 곳에 대한 이해에 깊이 뿌리박고 있다. 그런 문화권을 모두 합치면 각각이 담고 있는 지식이 합쳐져서 인종권을 이룬다. 이는 인류가 세상이 어떠한 곳이고, 어떻게 움직이며, 자신이 어디에 속하는지를 상상해온 모든 방식을 합친 것이다. 생물권 안에 생물학적 다양성 수준이 지구상의 모든 생명을 지속시키는 데 대단히 중요하듯, 인종권 안에서의 다양성 역시 믿기 어려울 만큼 다양한 생태계에서 우리가 하나의 종으로 살아남는 데 매우 중요한 공유 지식을 보전할 수 있게 한다.

다른 종이나 유전 계통을 배제하고 단 하나의 종(계통)만 넓은 지역에 퍼뜨리는 단일재배 방식은 다양성과는 상반되는 행위다. 특히 기후 조건과 포식자, 해충, 질병 등을 변화시켜 특정 종이나 생태계가 취약해지게 만든다. 우리는 이를 농업과 어업, 임업을 통해 값비싼 대가를 치르고 배웠다. 오늘날 지구온난화로 더글러스퍼 서식지의 남쪽 권역이 갈수록 더워지고 건조해져 서식지 북쪽 지역의 씨앗을 훨씬 남쪽에다 심는 실험이 진행되고 있다. 여름이 덥고 건조해지면 더글러스퍼의 성장이 더뎌질 뿐 아니라 추위에 약해질 수 있으므로, 더워지는 여름을 경험하지 않은 씨앗이 겨울을 더 잘 날 것이라는 아이디어에서 출발한 것이다. 더불어 가속되는 온난화에 더 잘 견딜 수 있도록 씨앗의 유전자를 변형하는 실험도 이뤄지고 있다. 다만 씨앗을 선별하거나 실험요소를 선택할 때 유의할 사실이 있다. 더글러스퍼 주변의 환경이나 함께 협력하여 진화해온 다른 종을 고려하지 않고 단순히 성장률이나 크기, 목재의 질만 따진다면 더글러스퍼 숲을 조성할 수 없다.

* * *

저명한 미국 생물학자 에드워드 오즈번 윌슨**Edward Osborne Wilson**은 벌채용 나무를 모두 '나무농장'에서 키우게 될 것이라고 말했다. 식용 연어를 어장에서 기르고, 닭도 양계장에서 기르듯 말이다. 이로써 유전적 다형성과 종의 다양성은 잃게 되고, 전 지구의 모든 유전 구조가 예측불가능하고 통제불가능한 힘에 취약해진다. 실제로 1970년대에 미국 남부 일원에서 유전자 변형을 한 개량종 옥수수 한 가지를 방대한 지역에 집중적으로 기르다가 이런 일이 일어났다. 돌연변이를 일으킨 진균성 질병이 나타나 몇 달 만에 수천 제곱킬로미터의 경작지를 휩쓴 것이다.

바람을 이용한 수분은 원시적인 듯해도 유전적 다형성이 지속되도록 해준다. 또 포유류나 조류로 이뤄지는 수분 같은 일부 다른 이계교배outbreeding 방법에 비해 몇 가지 이점이 있다. 첫째, 숲에는 거의 항상 바람이 분다. 대개 봄 날씨가 서늘하고 습한 고지대에서는 4월에 바람이 없는 것보다 주변에 포유류나 조류가 없을 가능성이 더 크다. 둘째, 나무는 수분을 해주는 곤충에게 매력적인 생식기관을 만드는 데 그다지 많은 에너지를 소모하지 않는다. 꽃식물의 큼직하고 과시적인 생식기는 만들어내기도 힘들고 유지하는 데 에너지도 많이 든다. 그에 비해 구과는 상대적으로 유지비가 적게 드는 기관이다. 침엽수의 구과 모양의 암·수꽃은 오래 견딜 수 있는 재질로 만들어졌기 때문에 꽃보다 긴 시간 유지되며, 찾아오는 곤충들을 위해 계속해서 당분을 채워주지 않아도 된다. 셋째, 거리상의 이점도 있다. 바람에 날려간 꽃가루가 5천 킬로미터 떨어진 곳에서 발견된 적도 있다. 이는 벌이나 모기, 오가는 다른 동물이 옮길 수 있는 것보다 훨씬 더 먼 거리다. 이러한 수분 방법은 유전적 다형성을 높여줄 뿐 아니라 아무리 외딴곳에 있는 소나무라 하더라도 암꽃이 수분되어 씨앗을 만들어내는 가능성을 높인다. 이 방법은 또 작물 재배에 유전자 변형을 지지하는 사람들에 대한 경고 역할을 하기도 한다.

더글러스퍼의 꽃가루 입자는 대부분의 다른 침엽수

보다 저장된 양분이 더 꽉 차 있으며, 대신 크고 무거워서 그다지 멀리 날아가지 못한다. 그렇지만 더글러스퍼가 압도적으로 많은 숲에서는 그래도 괜찮다. 가장 가까운 더글러스퍼에서 몇 킬로미터 떨어진 땅에서 꽃가루 입자를 세어본 연구자들이 제곱센티미터당 평균 123개의 입자를 발견했다. 750미터 정도 떨어진 곳에서는 입자 수가 320개로 늘어났다. 그리고 더글러스퍼 바로 밑에서 발견된 입자는 800개였다. 그들은 바람을 이용한 수분에서 가장 효과적인 거리가 나무 키의 열 배 거리까지라고 판단을 내렸다. 우리의 더글러스퍼를 보자면 꽃가루가 가장 효과적으로 떨어지는 거리는 100미터 이내라는 뜻이다. 그 정도 거리 안의 면적이면 전에 불탄 곳 안에 있는 대부분의 나무와 그 밖의 가장자리에 있는 오래된 나무 몇몇을 포함하는 정도다.

세상을 바꾼 식물들

우리의 더글러스퍼가 열다섯 살이 된 중세 말엽, 세상은 식물을 더 많이 알아가고 있었다. 성당 같은 대형 건축물은 나무 들보가 돌로 만든 아치를 대체했다. 반원형의 나무 홍예틀 때문에 중앙의 회중석 위로 지지대 없이 높고 둥근 천장을 짓는 것이 가능해졌다. 모직이나 가죽으로 만든 의복도 식물에서 나오는 더 가볍고 값싸고 멋진 재료의 도전을 받았다. 1492년, 콜럼버스가 서인도제도에 도착했을 때 타이노족Taino과 물물교환으로 받은 것은 황금이 아니라 과일, 채소 그리고 목화로 만든 실타래(그가 동인도에 도착한 걸로 착각한 이유 중 하나)였다. 그로부터 6년 뒤, 포르투갈 항해자 바스쿠 다 가마Vasco da Gama가 인도 항해를 마치고 캘리컷 지역에서 만든 면사를 여러 묶음 싣고 왔다. 그 뒤 2세기 동안 이뤄진 탐사 항해 중 상당수가 면사의 새로운 원천에 대한 수요로 촉발되었다. 15세기 말엽에는 중국에서 유럽으로 수입된 아마flax로 만든 리넨지linen paper가 뛰어난 내구성으로 책 제조 분야에서 송아지 피지나 양피지를 거의 대체했다(중국에서는 이미 1세기부터 리넨지를 써왔다). 식물이 인간의 새로운 사회질서에 가장 중대한 영향을 끼친 것이 바로 이 무렵이었다. 이후 인쇄술이 급속도로 보급됐기 때문이다.

독일의 요하네스 구텐베르크Johannes Gutenberg가 1447~1455년 사이에 인쇄기를 발명했을 무렵, 쉽게 구할 수 있는 리넨지 덕분에 책을 더 빠르고 값싸게 찍어낼 수 있었다. 예를 들어 『구텐베르크 성경』 한 권을 리넨지에 인쇄하지 않고 수도사가 필사했다면 완성까지 20년이 걸리고 200마리 양의 가죽이 필요했을 것이다. 구텐베르크의 천재성은 대학에 등록하는 학생 수가 늘어나면서 교재에 대한 수요가 늘어나는 바람에 제대로 활용되었는데 이는 고대 그리스와 아랍의 자연철학자들의 저술을 재발견한 결과를 낳기도 했다. 그의 발명은 서적 대량생산의 길을 터주었다. 인쇄기들이 아리스토텔레스, 유클리드, 디오스코리데스, 테오프라스토스가 쓴 저술의 새 판본을 활발히 찍어내기 시작했다. 그러면서 이 고전 저술가들이 남긴 글의 본뜻과 결점에 대한 폭넓은 논의가 가능해졌을 뿐 아니라 불가피해졌다. 독서와 교육은 부유층의 소일거리가 아니라 대중의 열정이 되었다. 인쇄술이 유럽 전역에 급속도로 퍼지면서 지식에 대한 새로운 갈망도 놀라운 속도로 늘어났다. 처음 『구텐베르크 성경』이 인쇄된 지 50년 만에 독일의 60개 도시와 이탈리아, 스페인, 헝가리, 덴마크, 스웨덴, 영국 내 여러 도시에서 대중의 수요를 충족하기 위해 책을 찍어내느라 인쇄기들이 바쁘게 돌아갔다. 그렇게 15세기 말엽까지 무려 2천만 권 이상의 책이 찍혀나온 것으로 추정된다. 한 쇄당 평균 500권 이하의 책을 찍었다고 가정할 경우,

책에 굶주린 일반 독자들에게 4만 종의 책이 안겨졌다고 한다.

그런 책 가운데 상당수는 식물에 관한 것이었다. 1484년에 『라틴 약초Latin Herbarius』가 발간되고, 1485년에 『독일 약초German Herbarius』가 나왔는데 두 책 모두 대체로 디오스코리데스 같은 고전 저자들이 기술한 식물 개론서였다. 또 이 책들은 지역에서 발견되는 식물에 관한 설명을 부록으로 실은 최초의 사례였다. 이때 과학계에 알려진 식물의 수는 급속도로 엄청나게 많이 늘어났는데, 특히 콜럼버스가 신세계에서 돌아온 뒤로 그랬다. 그는 감자, 토마토, 옥수수, 카사바 같은 식물들을 가져왔고 이는 그리스인들, 심지어 마르코 폴로가 말하던 식물과는 전혀 다른 것들이었다. 15세기 식물학에서 새로운 식물의 범람이 낳은 효과는 16세기 천문학에서 망원경의 발명이 가져온 효과에 비견할 만했다. 그야말로 눈이 번쩍 뜨인 것이다. 세계를 대하는 사고방식이 새로워지는 것은 피할 수 없는 일이었다. 언제나 어깨 너머로 뒤를 바라보기만 하다가 고개를 돌려서 현재를 좀 더 분명히 바라보고, 심지어 미래를 주의 깊게 들여다보기 시작한 것이다.

1534년 5월 10일, 프랑스 탐험가 자크 카르티에

Jacques Cartier의 배 두 척이 새로 발견한 땅에 가닿았다. 그는 그 뒤 몇 주에 걸쳐 세인트로렌스만을 항해하다가 이상한 동식물과 조류가 사는 여러 작은 섬과 마주쳤다. 육지는 대부분 황량했다고 그는 기록했다. “새로운 땅이라 부르기보다는 돌밭이나 야생동물 서식지라 부르는 게 나을 법한 것이 북섬 어디를 둘러봐도 제대로 된 흙을 한 수레만큼도 본 적이 없었다.” 그가 흰모래사장이란 이름을 붙인 섬에 대해서는 “이끼와 여기저기 말라 비틀어진 작은 가시풀 말고는 아무것도 없었다.”라고 기록했다. 그러다 물과 나무를 찾으려 들른 한 무리의 섬이 식물이 자라기에 충분할 정도로 비옥한 것을 본 카르티에는 그 섬들의 관대함을 즐거이 기록했다. “이 섬들은 우리가 본 곳 가운데 최고의 토양을 갖고 있다. 섬들의 들판 중 하나는 이 새로운 땅을 전부 합친 것보다 더 큰 가치가 있다. 그곳에는 훌륭한 나무, 풀밭 그리고 영국에서 볼 수 있는 것과 같은 무성하고 근사한 야생 콩들이 가득한 평야가 널려 있다. 마치 밭을 갈고 씨를 뿌려둔 곳 같았다. 구스베리, 딸기, 다마스크장미, 파슬리, 그 밖의 아주 달고 맛있는 풀들도 너무나 많았다.” 훗날의 원정대 같으면 배에 식물학자가 있었겠지만 안타깝게도 카르티에에게는 그런 사람이 없었다. 그의 ‘야생 콩’은 그곳 토종 콩과

(갯완두, 자주완두 등) 중 하나였을지 모르며, 확실히 영국에는 알려지지 않은 것이었다. 그리고 그가 본 십여 개의 장미과 식물 중 그 어느 것도 분명히 다마스크장미는 아니었다.

새로운 식물에는 새로운 이름이 필요하다. 점점 그리스어나 라틴어보다는 제각기 언어를 쓰는 경우가 늘어났다. 그렇게 식물의 이름을 붙이는 사람은 전문 식물 연구가들뿐 아니라 새로이 등장한 아마추어 식물학자들도 있었다. 독일 식물학자 제롬 보크**Jerome Bock**도 그런 사람 중 하나였다. 그가 1539년에 발간한 『새 식물지**Neu Kreütterbuch**』는 직접 현장 연구를 나가 살펴보고서 독일식 이름을 붙인 식물들에 대한 기록이다. 보크는 자신이 기술한 700종의 식물을 분류하여 테오프라스토스가 구분한 초본식물, 관목, 교목으로 나누어 설명했을 뿐 아니라 키와 잎 등의 전체 모습, 뿌리 체계의 유형 같은 외형적 특징과 꽃 피는 시기를 기술하기도 했다. 또 이름을 알파벳 순이나 약효에 따른 것이 아니라 모양이 비슷한 정도, 화관의 모양, 색깔, 홀씨주머니의 구조에 따라 나열했다. 그 책은 마치 『피터슨의 독일 식물도감**Peterson's Guide to Plants of Germany**』의 옛 형태 같았으며 그에게 독일 식물학의 아버지란 칭호를 안겨주었다.

이국적인 식물에 대한 관심이 고조되면서 새로운 현상이 나타나게 되었으니, 이른바 공공 식물원이었다. 그 이전에는 수도원, 수녀원, 대학, 왕족의 저택에서 저마다 오랫동안 약용정원을 보유해왔다. 울타리를 친 터 또는 커다란 농원이기도 했던 이 정원에서는 식용적·약용적 가치가 있는 식물을 기르거나 강연 때 실물을 보여주는 데 쓸 식물을 연구하고 이용했다. 혹은 갈수록 북적거리고 전염병이 횡행하는 도시에서 지친 특권층들이 와서 휴양할 수 있는 아름답고 건강한 장소를 유지하는 데 쓰이는 식물을 관리하곤 했다. 그와 달리 새로운 식물원들은 세계 곳곳에서 가져온 식물들을 선보였으며 각각의 유용성뿐 아니라 미관상으로 혹은 취미로 전시하기 시작했다. 피렌체의 유명한 보볼리식물원은 1550년에 첫 선을 보였는데, 이는 코시모 데 메디치**Cosimo de' Medici**가 피티궁전을 사들여서 확장했을 때의 일이다. 이탈리아 건축가 니콜로 페리콜리**Niccolò Pericoli**가 설계한 이 식물원은 약 97만 평이나 되는 면적에 세계 곳곳의 가장 향기롭고 이국적인 식물들을 모아놓고 메디치 가문 사람들만 즐길 수 있도록 해둔 곳이었다. 이보다 조금 앞서서 1545년에는 이탈리아 식물학자 루이기 앙길라라**Luigi Anguillara**의 주도로 파두아에 최초의 공공 식물원이 문을 열었다. 1567년에는 이탈리아 박물학자 울리세 알드로반디Ullise Aldrovandi가 볼로냐식물원을 설립했다. 그는 볼로냐대학에서 약용적 가치는 알려지지 않았어도 존재 자체로 대단한 평가를 내린 식물들을 자연사 강의에 포함해 가르친 최초의 교수였다.

아마도 당대 가장 영향력 있는 식물학자는 이탈리아의 프로스페로 알피니Prospero Alpini였을 것이다. 그는 1553년에 태어났으니 셰익스피어와 거의 동시대 사람이다. 파두아대학에서 의학을 공부했으며 이 대학의 식물원을 잘 알았다. 이집트로 여행을 가서 카이로에서 3년을 살았으며 그 뒤에는 베네치아대학에서 강사가 되었다. 1592년에 펴낸 그의 『이집트 식물De Plantis Aegypti』은 호기심 많은 독자들에게 다수의 이국적 식물을 소개해주었다. 그 가운데는 유럽의 향후 교역에 깊은 영향을 미치는 것들이 여럿 포함되어 있었다. 바나나 교목이나 커피 관목 같은 게 그런 식물이었다. 지금 남미에서 엄청나게 재배되는 커피와 바나나는 모두 원래 유럽상인들이 아프리카에 가져가서 심었던 나무들에서 나는 것이다. 알피니는 정확한 원리는 몰랐어도 나무의 수정이 성적 과정이라는 점을 관찰하기도 했다. 이는 대추야자를 살펴보고 얻은 결론이었는데, 그것으로 그는 4천 년 전에 성

직자들이 대추야자를 타가수정하는 공든 의식을 치렀다는 아시리아 사람들의 믿음을 확인해주었다. 원예가들은 여러 세기 동안 식물의 자가수분과 타가수분을 해오고 있었으며 알피니는 수분이 어떻게 일어나는지를 연구한 최초의 식물학자 중 하나였다. 또 타마린드나무 **Tamarindus indica** 잎의 굴광성 운동에 대해 기술하기도 했는데 이는 태양을 따라 움직이는 것임을 깨닫지는 못하고 진행한 관찰이었다. 이 나무가 공기를 더 들이마시기 위해 안달하는 것이라고 생각했던 것이다. 식물에 대한 그의 관심은 신비주의적이지도, 학구적이지도 않았다. 다만 그는 경이와 호기심으로 식물을 살펴보았던 것이다. 그렇긴 해도 그것은 마술사나 약초연구가의 시선이라기보다는 과학자의 시선에 더 가까웠다. 알피니와 셰익스피어 모두 1616년에 죽었다. 셰익스피어의 마지막 희곡 『템페스트』의 주인공인 또 하나의 프로스페로가 자신의 마술책을 치워버렸을 때 마술의 시대는 끝이 났다.

우리가 몰랐던 원시의 나무

우리 더글러스퍼의 밑동에는 붉은등도롱뇽이 떠나고 호

리호리한 칼고사리만 아직 자라고 있다. 양치류(고사리류)에는 무언가 원초적인 게 있다. 그의 아름다움은 수학적인 것으로, 눈송이나 수정의 결정체가 가진 완성도 높은 아름다움과 비슷하다. 양치류는 마치 공학자가 카오스이론을 설명하기 위해 만든 식물 같다. 양치류는 우리 더글러스퍼와 같은 기본 구조로 되어 있으나 두 가지 차원에서만 그렇다. 나무의 가지는 중심 줄기에서 사방으로 뻗어나가는 형상인데, 칼고사리의 길게 갈라진 잎 같은 가지는 짝을 이루고 납작한 것이 마치 나무의 그림자 같다. 모든 양치식물이 그렇듯 칼고사리는 레이스 장식처럼 우아한 모습을 띤 식물이다. 잎은 도관이 있는 조직에 붙어 돌돌 말리며 자라나 키가 1.5미터까지 자라고, 30센티미터 길이의 연두색 손가락(가지)은 가운데 축에서 칼날처럼 뻗어나오며, 어느 쪽이든 고루 자라며 위로 갈수록 가늘어지는 모양은 고전적인 패턴이다. 이 고사리의 밑부분, 즉 땅에 묻힌 칼자루 같은 뿌리줄기의 바로 윗부분은 바슬바슬한 갈색 비늘로 덮여 있다.

양치류는 지구상의 대부분의 서식지에서 풍부하게 자란다. 칼고사리는 더글러스퍼 숲의 바닥에서 공생하는 수십 가지 생물(쇠뜨기, 석송 포함) 중 하나다. 숲의 바닥에서 양치류와 도롱뇽이 존재한다는 것은 숲 생태계가 건강하다는 증거다. 양치류 가운데 북미에서 발견되는 유일한 열대 속인 사슴고사리Deer fern는 칼고사리를 닮았지만 키가 더 작다. 또 잎은 서로 떨어지기보다 이어져 있어서 가지의 모양이 흔히 작은 칼들을 차례로 나열한 듯한 꼴이 아니라 잔디깎이의 날 모습을 띤다. 칼고사리와 사슴고사리는 상록식물이지만, 토끼고사리Oak fern는 가을이면 머리 셋 달린 가지의 잎을 떨어트린다. 또 감초고사리Licorice fern는 착생식물epiphyte로 큰잎단풍나무의 이끼 많은 줄기에 붙어 자란다.

양치류는 원시나무처럼 보이는데, 실제로도 그렇다. 수생식물인 해조류들이 뭍으로 올라와 선태식물Bryophyte(최초로 육상생활에 적응한 일반 이끼류와 우산이끼류)이 되었고, 그러다 빛을 쬐기 위한 경쟁이 점점 심해지자 땅 위로 더 높이 자라나서 양치식물(뿌리·줄기·잎은 있으나 꽃이나 씨앗은 없는 식물)이 된 것이다. 쇠뜨기는 가장 성공한 경우였다. 더글러스퍼 숲에 있는 여러 종 가운데 들판쇠뜨기Field horsetail, 개물쇠뜨기Water horsetail, 매끈한쇠뜨기Smooth horsetail 그리고 다양한 속새Scouring rush 류가 있다. 속새의 영어 이름에 '솔rush'이 붙은 것은 그 모습이 솔처럼 생기기도 했으며, 아메리카 원주민들이 실제로 이것을 갈아서 식기류를 '닦는scouring' 데 썼기 때문이다. 쇠뜨기의 줄기에는 섬유소뿐 아니라 석영이 주성분인 규토가 들어 있어 빳빳하게 지탱해주는 역할을 한다. 또 잎은 새순의 비늘껍질이 변형된 형태에 가깝다. 줄기는 속이 비었고 마디가 있어서 대나무와 비슷하며 손톱처럼 단단하다. 그래서 콘크리트 슬라브를 밀어젖히고 자라며 아스팔트를 뚫고 자라기도 한다.

수백만 년에 걸쳐 고사리, 쇠뜨기, 우산이끼 같은 류가 식물의 세계를 지배한 적이 있다. 약 3억 5920만 년 전에서 2억 9900만 년 전까지의 석탄기Carboniferous 동안에 절정을 이뤘다. 이때는 줄기가 나무처럼 굵었으며 거대한 줄기로 질퍽질퍽한 대지에 그늘을 드리웠다. 그러다 석탄기가 끝날 무렵부터 기후가 점점 더 건조해지면서 고사리류가 무더기로 죽어버리기 시작했다. 지난 두 세기 동안 우리가 착취해온 석탄기 지층의 어마어마한 석탄과 석유는 전부 화석화된 양치식물로 이루어진 것이다. 우산이끼는 지금은 아주 작은 식물이다. 하지만 19세기 중엽에 영국의 벤셤탄광의 광층에서 발견된 석탄기의 화석화된 우산이끼는 너무나 거대해서 탄광측에서 학자들을 불러 조사를 하게 할 정도였다. 가지가 뻗기 시작하는 부분까지의 줄기 길이가 무려 12미터였으며, 밑둥치의 지름이 1미터에 달했다. 전에 이런 것을 본 사람은 아무도 없었으며, 그 뒤로도 거의 없다. 이 거대한 우산이끼는 토막이 나서 석탄으로 팔렸다. 그곳에 왔던 학자들을 옥스퍼드로 다시 싣고 간 기차의 연료로 쓰였을지도 모른다. 석탄 덩어리가 탈 때마다 나오는 열에너지는 태양에서 얻어진 것으로, 3억 년 전에 양치식물이 저장해둔 것이다.

양치류는 은화식물**cryptogams**(그리스어의 '은밀'과 '혼인'에서 따온 말)이다. 홀씨를 이용하여 번식을 하는데, 홀씨는 번식 방법으로는 처음으로 세포분열을 능가하는 것이었다. 홀씨는 세포분열과 노골적인 성교 사이의 전이 단계 같아 보인다. 양치류는 세대교번**alternation of generations**[4]으로 번식한다. 이는 1851년에 독일 식물학자 빌헬름 호프마이스터**Wilhelm Hofmeister**가 최초로 기술한 현상으로, 세포분열과 꽃가루 형성에 관한 그의 관심은 아마도 그가 심한 근시였기에 가능했을 것이다. 시력 때문에 무엇이든 아주 가까이서 살펴보려 했던 것이다. 그는 해부현미경을 사용하는 데 정통했고, 세포핵 속의 염색체(당시 그는 그게 무엇인지는 몰랐으나)를 관찰한 최

---

4 무성 생식을 하는 무성 세대와 유성 생식을 하는 유성 세대가 번갈아 나타나는 현상. 해파리, 진딧물, 선태류 따위에서 볼 수 있다.

초의 식물학자가 되었다.

성숙한 양치류는 수천 개의 홀씨를 퍼뜨린다. 축축하고 그늘진 땅에 떨어진 것들은 곧장 자라기 시작하지만 바로 알아볼 수 있을 정도는 아니다. 먼저 배우체gametophyte라고 하는, 직경 몇 센티미터의 키 작고 납작한 식물로 자란다. 배우체의 잎 밑면에는 홀씨가 아니라 일반 식물의 생식기관(웅성 생식기인 장정기antheridium와 자성 생식기인 장란기archegonium)에, 그것도 침엽수의 생식기와 더 비슷한 생식기를 만들어내는 기관이 붙어 있다. 이 '은밀'한 생식기는 '혼인'을 하여 씨앗을 만들어내고 이것이 수정되어 양치류로 자라난다. 이토록 복잡하고 간접적인 생식 방법이 생겨난 것은 기후 조건이 갑자기 나빠져서 홀씨를 만들어내는 것도, 씨앗을 퍼뜨리는 것도 불리해질 경우를 고려한 일종의 대비책이었을 것이다.

석탄기 말엽, 지구의 평균 온도가 섭씨 20도에서 12도로 곤두박질쳐 기후 조건이 급격히 변하면서 거대한 식물들이 죽어나갔다. 그러나 고사리과의 계통만은 지금까지도 살아남았다. 그래서 오늘날에도 양치류가 그렇게 많은 것이다. 전 세계에 양치류는 2만 종이 넘는다. 그 가운데는 적어도 하나의 살아 있는 화석인 쇠뜨기Field horsetail가 있는데, 이는 조상인 거대한 고사리보다는 작으나 같은 종류 중 가장 널리 퍼진 것이다. 오늘날의 일부 양치류 중에도 크기가 작지 않은 것이 있다. 열대지방의 아름다운 나무고사리Tree fern는 키가 종종 30미터가 넘으며, 자이언트쇠뜨기Giant horsetail는 10미터까지 자란다. 그렇지만 대부분은 1미터 이하로, 석탄기 이전의 조상들 크기로 되돌아갔다. 진균류는 아직도 홀씨를 써서 생식을 한다. 모두 양치류의 후예인 우리의 더글러스퍼 같은 겉씨식물들은 씨앗을 만들어내는 과정을 거쳤다. 호프마이스터는 침엽수가 양치류와 꽃식물 사이를 잇는 진화상의 가교 역할을 한다는 사실을 결정적으로 밝힌 바 있다.

겉씨식물의 영어 이름인 '짐노스펌gymnosperm'은 벌거벗었다는 뜻의 라틴어 '짐노gymno'(로마시대의 운동선수들은 연습장gymnasium에서 훈련할 때 벌거벗었다)와 씨앗을 뜻하는 '스퍼마sperma'에서 따온 '벌거벗은 씨앗'이란 뜻이다. 겉씨식물에서 씨앗이 품어 키우는 밑씨는 암꽃구과의 비늘껍질 위에 노출되어 있다. 그것은 꽃식물 또는 속씨식물angiosperm(영어명은 '둘러싸인 씨앗'이란 뜻)처럼 암술을 만드는 심피carpel에 덮여 있지 않다. 침엽수에서 씨앗을 만들어내는 기관은 아직도 포자체sporophyte라 불린다. 이는 양치류에서 홀씨(포자)를 만들어내는 기관이라는 뜻을 따서 계속 부르는 명칭이다. 쇠뜨기와 우산이끼에서는 홀씨가 '스트로빌리strobili'에 들어 있는데 이 용어는 '구과'를 뜻하는 라틴어다.

겉씨식물은 부름켜를 만들어 양치류에서 진화했다. 그리고 줄기를 더 튼튼하게 만들었고, 섬유소와 리그닌의 양을 늘려 더 빳빳해졌으며, 비어 있던 속을 죽은 목질(적목질)로 메웠다. 왜 그렇게 했는지는 더 알아봐야 할 문제다. 석탄기 이후의 더 춥고 건조한 기후에 적응하느라 그랬는지도 모른다. 단단한 겉껍질, 그리고 물을 뿌리로부터 높다란 윗부분까지 좀 더 효율적으로 끌어올리는 방법은 확실히 진화상 유리한 점이었을 것이다. 또 점점 부족해지는 지하수를 끌어모으기 위해 뿌리줄기에 의존하기보다는 정교한 뿌리 체계를 발전시키는 것이 더 나은 방법이었으리라. 아니면 홀씨를 이용한 생식에서 바로 씨앗을 이용한 생식으로 넘어간 결과인지도 모른다. 씨앗 구과(열매)와 꽃가루 구과(수꽃)가 점점 더 크고 무거워지자 지탱할 수 있도록 더 튼튼한 줄기가 필요했을 테니 말이다. 예컨대 소철은 엄청나게 큰 생식기관을 가지고 있다. 더글러스퍼의 밑씨는 크기가 밀리미터 단위지만 일부 소철의 밑씨는 6센티미터나 되며, 밑씨를 품고 있는 암꽃 구과의 무게가 45킬로그램이나 된다. 나무 같았던 석탄기의 쇠뜨기라 할지라도, 그 약하고 속 빈 줄기와 적은 가지로는 그 정도로 무게가 엄청난 구과를 수백 개씩 매달고 있을 수 없었을 것이다.

그런가 하면 침엽수는 조상인 양치류의 늘씬한 모습을 간직하고 있다. 줄기도 기다랗고 끝으로 갈수록 가늘어지며 많이 굵어지지 않는다. 더글러스퍼는 거대해 보일 수도 있지만 세상에서 키에 비해 제일 날씬한 나무 중 하나다. 영국의 큐왕립식물원에 있는 깃대는 키 82미터에 밑둥치가 82센티미터밖에 안 되는 371살의 더글러스퍼를 손질해 만든 것이다. 이 치수를 산술적으로 줄여나가면 나무고사리가 된다.

어른이 된 더글러스퍼

더글러스퍼의 암꽃 구과는 대략 4월 말까지 약 20일 동안 수꽃의 꽃가루 입자를 받아들이는 자세를 취한다. 그러다 꽃가루 입자가 암꽃의 포의 매끄러운 표면에 내려앉으면 입자는 암꽃 밑씨의 끄트머리에 있는 작고 끈끈한 털에 붙들린다. 꽃가루 입자는 이 음모 같은 털 뭉치에서 두 달 동안 증식하고, 그 시간에 밑씨의 입술과 닮은 꽃잎 같은 것이 입자 둘레에 자라난다. 그러면서 밑씨는 서서히 꽃가루 입자를 삼키고, 입자는 마치 푹신한 비단 베개 위에 놓인 크로케 공이 꺼져 내려앉듯이 가라앉는다. 5월 초가 되면 구멍이 하나 생겨나면서 밑씨는 음문이 되어간다. 끈끈한 털들은 오그라들어서 은밀한 입구를 지나 미세한 주공 도관으로 들어간다. 이때 꽃가루 입자도 함께 딸려 들어가서 밑씨의 주심**nucellus**, 즉 자성 배우체를 둘러싸는 밑씨의 한 부분을 향해 올라가기 시작한다. 꽃가루 입자는 이렇게 차례로 옮겨가는 도중에 점점 기다랗고 빳빳한 막대 모양(꽃가루관)으로 변해가며, 조직의 벽은 섬유소와 펙틴**pectin**[5]으로 이루어져간다. 이 무렵, 막대 속에 든 입자는 웅성 배우자, 즉 정세포 두 개를 만들어내는데 비로소 이때 꽃가루관이 주심과 만나게 된다. 꽃가루관의 앞쪽 끄트머리는 슬며시 밀고 드어가 마침내 주심을 뚫는다.

소나무과의 꽃가루관은 밑씨 안에 있는 화분방울**pollination drop**이라고 하는 달콤한 진줏빛 액체에 뜬 채로 주심으로 다가가지만, 더글러스퍼에는 그런 액체가 없

---

5 세포를 결합하는 작용을 하는 다당류의 하나.

다. 대신에 더글러스퍼의 꽃가루는 일종의 주름 운동을 하여 암술 머리의 끄트머리에서 주심으로 이동한다. 하지만 해안지대의 5월이면 비가 잦게 마련이고, 그러다 보면 빗물이 밑씨에 스며들기도 한다. 그렇게 되면 더글러스퍼의 꽃가루관이 주심을 찾아가는 과정은 소나무의 과정과 좀 더 비슷해진다. 즉 빗물이 꽃가루 입자가 밑씨의 관을 타고 주심으로 가는 길을 더 쉽게 만들어주고, 주심은 물 분자를 분리하고서 싹 튼 꽃가루를 받아들인다. 수천 년에 걸쳐서 더글러스퍼는 비가 오는 시기에 맞추어 새순을 틔우도록 적응해왔고, 그래서 다른 도움을 주는 액체 없이도 어김없이 수분을 잘 해왔다.

주심의 표면 조직을 뚫고 들어간 꽃가루관은 그곳에서 3주 동안 쉬다가 밑씨 장란기의 목 부분으로 다시 여행을 떠난다. 장란기로 들어간 꽃가루관은 계속해서 이동하여 난세포로 다가간다. 이 지점에서 꽃가루관에 든 모든 내용물(핵을 품은 세포질, 웅성 배우자 둘을 감싸고 있는 체세포, 자루세포)은 한군데로 합쳐져서 원통 모양을 만든 다음 꽃가루관의 끝부분으로 이동한다. 세포질과 정세포를 나누는 막이 찢어지면서 꽃가루관에서 정세포가 내뿜어져 나와 난세포와 융합한다. 암꽃이 꽃가루 입자를 한 개 이상 받아들일 수도 있다. 이러한 여분의 꽃

이제 더글러스퍼는 수천 년간 쌓여온 유전적 지혜를 따라
씨앗을 퍼뜨릴 준비가 되었다.

가루 입자는 녹아서 씨앗의 양분이 되어줄 것이다.

* * *

1633년 여름, 파리의 포브르 생빅토르에 파리식물원 **Jardin des Plantes**이 완성되자 기 데 라브로스**Guy de La Brosse**가 최초의 원장으로 임명되었다. 그는 이미 10년 전부터 이런 시설을 만들어야 한다며 로비를 해왔다. 그러면서 그는 이 시설이 일차적으로는 공공 식물원이면서 약용 식물을 재배하는 시험장이자 새로운 화학을 가르칠 교육장 역할을 해야 한다는 생각을 품어왔다. 원장으로 취임한 첫해에 라브로스는 1,500종의 식물을 기르면서 학생들에게 그 식물들의 형태와 상호관계에 관한 외형을 가르쳤다. 아울러 그는 내성적 요소, 즉 약초로서의 성격도 가르쳤다.

당대의 가장 진취적인 과학자 중 하나였던 라브로스는 식물이 동물과 아주 비슷하게 기능하는 것을 보고 상당히 놀랐다. 그는 동물뿐 아니라 식물에도 세대와 성장, 활동이 있으며 양분과 잠(동면), 심지어 성교도 필요하다는 사실을 알게 되었다. 그리하여 그는 식물이 동물과 마찬가지로 암수의 짝짓기를 통해서 번식을 한다고 최초로 주장했다. 심지어 그는 식물이 영혼을 가지고 있는지도 모른다고 말하기도 했다. 라브로스는 식물의 형태로 구현되었든, 동물의 형태로 구현되었든 생명은 생명이며 산 것이든, 죽은 것이든 만들어질 때 그 속에 심어진 어떤 씨앗이 아니라 환경의 도움을 받은 다른 요인들로 조절된다고 했다. 그는 이 새로운 시험장에서 식물을 키울 때 살균한 흙을 담은 화분에 넣고 증류한 물을 뿌려줬다. 식물들이 죽어버리자 그는 식물이 양분을 얻어낼 때 흙에서는 소금의 형태로, 물에서는 만나**manna**(만나물푸레나무**Manna ash**에서 나오는 달콤한 수액)의 형태로 얻어낸다고 판단했다. 또 진공상태에서 식물을 길러보려는 시도에서도 비슷한 결론을 얻었다. 그것은 그가 에스프리**esprit**('정신'이라는 뜻이다)라고 불렀던 공기가 동물 못지않게 식물에게도 필요하다는 점이었다. 식물에게는 허파가 없다. 그런데 허파가 없기는 곤충도 마찬가지다. 그런 곤충도 공기가 없으면 살 수 없다는 것이다. 식물화학에 관한 한 장에서 라브로스는 광합성을 '거의' 이해하는 데까지 도달했다. 그는 화학적 변화가 두 매개물이 만나면서 일어난다고 말했는데 그것은 그가 '장인적인 존재**the Artisan**'라고 일컬은 식물의 형태, 그리고 '우주적 수단', '위대한 예술가적 존재**the Great Artist**'라고 부른 불을 말했다.

1640년에 이 식물원이 마침내 대중에 공개되었을 때 이곳에 모두 1,800종의 식물이 자라고 있었다. 이중 상당수는 라브로스가 동인도와 아메리카에서 가져온 것이었다. 안타깝게도 그토록 많은 노력을 뒤로하고 그는 이듬해에 세상을 떠나고 말았다.

하지만 그의 업적은 독일 생리학자 루돌프 야코프 카메라리우스**Rudolph Jakob Camerarius**에 계승되었다. 1688년에 카메라리우스는 불과 23세의 나이로 튀빙겐대학의 독특한 의학교수이자 시립식물원의 원장이 되었다. 그가 식물의 성행위에 관심 갖게 된 것은 1691년에 식물원에서 뽕나무 암나무가 근처에 수나무가 없는데도 열매를 많이 맺고 있는 것을 본 뒤부터였다. 그는 곧 뽕나무 열매인 오디를 살펴보았는데 속에 든 씨앗이 수정되지 않았거나 아예 씨앗이 없었다. 그는 씨앗 없는 오디를 무정란에 비유하면서 닭과 마찬가지로 암나무도 생육 능력 있는 씨앗을 만들어내기 위해서는 수나무가 필요하다는 결론을 내렸다. 하지만 당시만 해도 그런 결론은 단한 가지 관찰을 근거로 한, 검증되지 않은 가설에 불과했다. 카메라리우스가 식물학에 끼친 공로는 일련의 실험을 거쳐서 이 가설을 검증한 데 있었다.

그는 머큐리풀Mercurialis annua 암그루가 든 화분 두 개를 수그루와 떨어진 실내에 두고 자라게 했다. 뽕나무와 마찬가지로 이 식물은 잘 자라서 오디 같은 열매를 많이 맺었다. 그런데 반밖에 익지 않은 열매가 시들해지더니 이내 떨어졌는데 제대로 된 씨앗이 맺히지 않았던 것이다. 그는 또 피마자[*Ricinus communis*]의 꽃밥 아랫부분의 수꽃차례를 제거해보았다. 그랬더니 피마자에 "텅 빈 열매가 열리더니 말라 비틀어져 땅에 떨어져버렸다". 그리고 시금치, 옥수수, 대마초를 가지고도 같은 실험을 시도했고 어느 것 하나 제대로 된 씨앗이 열리지 않았다. 그는 저서 『식물의 성De sexu plantarum』에서 다음과 같이 쓴 바 있다. "따라서 이 부위(꽃밥)에 좀 더 근사한 이름을 지어주고, 그것에 웅성기의 중요성을 부여해주는 게 합당할 것 같다. 씨앗 자체가 분비되고 또 모이기도 하는 저장소이기 때문이다. 씨방이 암술대와 함께 식물의 자성기를 대표하는 것도 마찬가지로 분명한 사실이다."

* * *

어느덧 6월 초다. 이제 난세포의 핵이 부풀어 장란기의 가운데 부분으로 이동한다. 핵을 둘러싸고 있던 세포질은 농밀한 섬유질의 액체로 변한다. 찐득찐득한 호수 한가운데에 있는 섬 같은 핵은 자성 배우자들의 목표지점이다. 꽃가루관은 핵으로 들어갈 때 몸 안에 든 내용물 전부를 장란기 속에 쏟아낸다. 두 배우자 중에 더 큰 것이 세포질을 헤치고서 호수 가운데에 있는 난세포의 핵을 향해 돌진한다. 작은 배우자는 이내 포기하고서 분해된 뒤 새로 만들어지는 씨앗의 양분이 된다. 미션에 성공한 배우자는 핵에 도달하여 서서히 세포벽을 뚫고 들어가서 난세포를 수정시킨다.

6월 둘째 주가 되면 우리의 더글러스퍼는 이제 성적 성숙기에 이를 것이다. 7, 8월에는 배 속의 세포들이 발달을 이루며 계속해서 증식할 것이다. 그 무렵 인근 인간 세상에서는 신대륙에 온 청교도 선조들이 뉴잉글랜드 숲에서 발견한 빈터에 처음으로 작물을 기르고 있었다. 시간이 좀 더 지나 9월이 되어 날씨가 더 좋아지면 북미 양 언덕의 씨앗들은 여행을 떠날 채비를 마치리라. 그러면 우리 더글러스퍼의 암꽃 구과는 포를 활짝 열어 날개 달린 4만 개의 씨앗을 퍼뜨릴 것이다. 따스하고 건조한 가을 하늘로.

Tree

A Life Story

{4장}
성숙

MATURITY

눈이 터서 새순이 돋아나고,
이 새순이 원기 왕성하다면
더 연약한 가지들 주변 사방으로
가지를 뻗어 위로 솟는데,
위대한 '생명의 나무'도 세대를 거쳐오며
그러했으리라 나는 믿는다.
죽거나 부러진 가지로 지각을 채우고,
계속 분기하는 아름다운 가지로 지표면을 뒤덮으며.

— 찰스 다윈, 『종의 기원』

300년이 흘렀다. 우리의 더글러스퍼는 따스한 9월이면 바람에 씨앗을 날려보냈다. 올해처럼 좋은 때에는 엄청난 수확을 올린다. 하지만 매번 좋은 해인 것은 아니다. 씨앗을 전혀 맺지 못하는 가을도 종종 있었다. 씨앗을 만들어내는 나무는 모두 생식주기가 있다. 참나무는 씨앗을 불규칙하게 맺는 것으로 유명하고, 재배용 사과나무도 잘해야 2년에 한 번씩만 씨앗을 맺는다. 더글러스퍼가 씨앗을 만들어내는 리듬은 세 가지의 엇갈린 주기가 있다. 통상적인 2년 주기, 아직 이유를 알 수 없는 7년 주기, 태양 표면의 흑점 활동이 절정을 이루는 주기를 반영

하는 듯한 22년 주기다. 이 세 주기 곡선이 모두 만날 때, 말하자면 약 10년에 한 번은 엄청난 풍작을 거둔다. 우리의 더글러스퍼가 참나무였다면 그해를 '마스트의 해 **mast year**'[1]라고 불렀을 것이다.

참나무에 종종 열매가 엄청나게 열리는 것은 일련의 복잡한 사건을 통해 라임병의 출현과 관련 있는 것으로 여겨진다. 1975년에 예일대학의 기초의학 연구자들은 코네티컷의 라임**Lyme**이란 조그만 해안도시에서 51건 이상의 소아관절염이 집단 발병한 사례를 조사했다. 앨런 스틸**Allen Steele**과 그의 동료들이 이동홍반**erythema migrans**이라고 하는 전형적인 '황소눈발진'을 발견한 것이다. 이후 1982년에 스위스계 미국 과학자 윌리 버그도퍼**Willy Burgdorfer**는 진드기의 분비물에서 발견한 보렐리아균**Borrelia burgdorferi**이라는 나선형세균이 병을 일으킨다는 사실을 밝혔다.

한편 숲에서 벌어지는 일을 살펴보자. 흰꼬리사슴은 대개 나무의 새순을 뜯어먹고 사는데, 참나무 열매가 많이 열리는 해에는 참나무 숲에 가서 도토리를 주워 먹

---

1 참나무, 너도밤나무 등의 열매가 유난히 많이 생산된 해를 '돛대 **mast**'라는 의미를 붙여 부른다.

느라 정신이 없다. 이때 이들은 다 큰 사슴진드기의 매력적인 표적이 된다. 암컷 진드기들은 사나흘 동안 숙주의 피를 실컷 빨아먹다가 내려와서는 낙엽 더미 속에서 겨울을 난다. 그리고 봄이 되면 수백에서 수천 개나 되는 알을 여러 무더기 낳는다. 마스트의 해에는 엄청나게 많은 도토리 때문에 미국흰발붉은쥐도 몰려들어서 도토리를 많이 모아다 저장한다. 그러면 이들은 평소보다 많은 새끼를 낳으며 새끼의 생존률도 높아진다. 그 결과 이듬해에 생쥐 개체수가 폭발적으로 증가해 알에서 막 깨어난 사슴진드기들에게 엄청난 먹이를 제공해준다. 흰발붉은쥐는 나선형세균을 보유한 감염원으로, 어린 진드기들이 자기 몸에 기생하면 먹이가 되는 피와 함께 세균(박테리아)을 옮겨 진드기를 감염시킨다. 이를 마음껏 먹고 난 진드기들은 숲 바닥으로 뛰어내려가 겨울을 난 뒤, 이듬해 봄에는 약충의 모습으로 나타나서는 나선형세균을 퍼뜨릴 채비를 마친다. 이때 숲 속을 지나가다가 진드기들의 공격을 당한 사람들이 멋모르고 희생자가 된다. 그래서 마스트의 해로부터 2년 뒤면 사람에게 발병하는 라임병이 절정을 이루는 것이다.

어느 해에 열매가 갑자기 많이 열리는 사건에 관한 또 다른 흥미로운 사례가 있다. 미국 환경인류학자 리사

커런Lisa Curran 교수와 동료들이 인도네시아 열대우림에서 윗머리를 차지하는 나무들 가운데 주요 과인 이우시과Dipterocarpaceae를 연구하다가 발견했다. 1985년부터 1999년까지 이 연구자들은 보르네오의 구능팔룽국립공원 내 147제곱킬로미터에 달하는 지역을 집중적으로 조사했다. 그리고 숲 생태계 전부가 한꺼번에 유난히 열매를 많이 맺는 현상을 일으킨다는 사실을 발견했다. 이 가운데 이우시과 나무 50여 종이 약 3.7년의 주기로 아주 짧은 기간 동안에 엄청난 열매와 씨앗을 맹렬하게 맺었다. 이렇게 열매를 맺는 6주의 기간 동안 이 나무의 93퍼센트가 씨앗을 퍼뜨렸는데 이는 헥타르당 1,300킬로그램이나 되는 양이었다. 그러자 멧돼지, 오랑우탄, 잉꼬, 야생닭, 자고새, 수많은 곤충과 심지어 이웃주민들까지 엄청난 동물들이 몰려들었다. 학자들은 이런 현상을 일으키는 요인이 엘니뇨 남방진동이라는 사실을 알아냈다. 이는 6, 7월 사이에 인도네시아에 가뭄을 일으키는 열대 해양 순환 패턴의 주기적인 이동이다. 열매 수가 폭증하는 일은 가뭄 뒤에 일어난다. 한 개체군에 있는 나무 전체가 취하는 놀라운 진화 전략인 것이다.

일부 생물학자는 이 현상을 나무가 포식자들을 통제하려는 전략의 일환으로 보기도 한다. 나무들이 생존을 위해 어마어마하게 많은 열매를 맺는 해와 오랫동안 열매를 맺지 않는 기간을 교차시켜서 자기 씨앗과 열매에 의존하는 동물들을 풍요와 기아의 순환주기에 종속시킨다는 것이다. 배를 곯는 기간(기아)이 충분히 오랫동안 지속되면 동물의 개체 수가 급격히 줄어들고 나무는 적어도 한동안 안전해질 수 있다. 중국의 일부 대나무 종들은 100년에 한 번씩만 씨앗을 맺고 바로 죽음으로써 이 나무를 먹고 사는 판다를 굶주리게 만든다.

씨앗을 찾아온 반갑지 않은 손님

더글러스퍼 숲에서 씨앗을 먹는 주된 포식자는 더글러스다람쥐다. 길이가 20센티미터인 이 다람쥐는 밝은 담황색 배와 눈 둘레 무늬, 검은색 귀 그리고 몸보다 짧은 꼬리를 가진 청회색의 에너지 덩어리다. 여름이면 높은 가지에 앉아서 익어가는 열매(구과)를 끊어낸 다음 체계적으로 비늘껍질을 까기 시작한다. 비늘껍질을 한 번에 하나씩 벗겨내는데, 구과의 바닥 부분의 맨 밑에 있는 씨앗부터 먹으면서 비늘껍질을 떨어뜨린다. 그렇게 해서 다 벗겨 먹고 나면 마지막에 남은 구과의 축을 떨어뜨린다. 그러다 가을이 되면 씨앗이 퍼지기 전에 구과를 수천 개씩 정신없이 따낸다. 이 다람쥐들은 꼭지를 끊어 열매를 따내고 땅바닥에 떨어트린 다음 허둥지둥 달려가서 쓰러진 통나무나 그루터기 밑에 파놓은 구멍 속에다 열매를 숨겨둔다. 이렇게 저장된 열매는 습기를 보존하고 있어서 씨앗을 계속 품고 있다. 숲 바닥에는 상당히 많은 열매가 대충 묻혀 있으며, 그중 일부는 싹을 틔우기도 한다. 다람쥐들은 놀랍도록 빠르고 효율적으로 일한다. 캘리포니아에서 관찰된 한 다람쥐는 불과 30분 만에 캘리포니아삼나무의 구과를 537개나 끊어냈다. 이런 수확물을 모두 숨기는 데는 4일이 걸렸다. 이 작은 포유류의 부지런함에 크게 탄복한 존 뮤어는 "숲에서 만들어지는 구과의 거의 50퍼센트가 더글러스다람쥐의 힘 좋은 앞발을 거치리라."라고 말했다.

더글러스다람쥐는 가까운 친척인 붉은다람쥐와 마찬가지로 영역에 대한 집착이 대단하다. 성숙한 더글러스퍼 숲에서 이 개체 하나가 방어하는 영역이 1만 제곱미터나 된다. 이 다람쥐는 날카롭고 재잘거리는 소리를 내며 날다람쥐, 얼룩다람쥐 그리고 특히 잠재적인 짝을 포함한 다른 더글러스다람쥐로부터 자기 영역을 방어한다. 봄이면 이들은 자기 영역 안에서 높은 곳의 가지들이 갈라지는 부분에 둥우리를 틀어 집을 만드는데, 때로는 버려진 매나 큰까마귀의 둥지 가까운 곳에 자리를 잡기도 한다. 가을이면 이 둥우리를 버리고 나무 줄기의 움푹 파인 부분에 있는 겨울용 굴로 옮겨간다. 이는 나무 아랫부분의 커다란 가지가 부러진 자리에 빗물이 스며들어 속이 썩어서(혹은 종종 곤충이나 딱따구리가 만들어서) 생긴 공간이다. 다람쥐는 나무껍질 토막이나 바늘잎으로 그 속의 벽을 두르며, 비상식량 삼은 씨앗으로 바닥을 메운다. 겨울 동안에는 겨울잠을 깊이 자지 않고 한 번에 며칠씩 눈을 붙이다가 깨어나서는 저장해둔 먹이를 갉아먹고 이내 다시 눈을 붙인다.

봄이 되면 이 다람쥐들은 나름의 생식주기를 시작한다. 이는 나무의 주기에 뒤따르는 것이다. 구애와 짝짓기철인 4월에 다람쥐들은 더글러스퍼와 로지폴소나무의 꽃가루를 먹으면서 산다. 5월 중순에 새끼들이 태어나면 부모는 나무의 어린 끝눈과 새순을 잔뜩 먹는다. 새끼들은 7월 중순경까지 8주 동안 양육을 받다가 둥우리에서 쫓겨나서 제힘으로 살아가기 시작한다. 이제 이 어린것들은 겨우내 먹어야 할 것을 스스로 찾아다녀야 하는데, 다 익은 열매를 먹기 시작하면서 이미 영역을 확보한 어른 개체들과 경쟁하게 된다. 이제 막 어른이 된 후에 자기 영역을 찾아내고 방어하는 일은 어렵기 때문에 더글러스다람쥐의 개체군이 대지를 독차지하는 일은 일어나지 않을 것이다. 그들 중 상당수는 자기 살 곳을 찾아내지 못하거나 겨울에 먹을 양식을 충분히 저장하지 못해 봄이 되기 전에 굶어 죽기도 한다. 이는 오래된 더글러스퍼 숲이 계속해서 줄어들고 있어 더욱 심해지는 현상이기도 하다.

우리의 더글러스퍼 씨앗이 구과 껍질을 헤집고 쏟아져 나올 9월의 첫 주 동안 철새들이 도착하기 시작한다. 검은눈방울새 같은 새들에게는 이곳이 남방한계선 같은 곳이다. 그들은 여름 내내 이 숲에서 지내던, 주로 한곳에 머물러 서식하는 검은방울새Junco들과 만나게 된다. 이제는 모든 검은방울새를 검은눈방울새라 부르지만 이곳 서부 삼림지대에는 두 종류가 있다. 그것은 잿빛검은방울새Slate-sided junco라 불리던 것과 오리건검은방울새Oregon junco로 알려진 것이다. 잿빛검은방울새는 몸 윗부분(머리, 가슴, 날개, 꼬리)은 짙은 잿빛이고, 조끼 같은 옅은 담황색 깃털을 걸쳤으며, 날아다니다가 어두운 덤불 속에 내려앉을 때 불꽃처럼 번쩍이는 두 개의 새하얀 꼬리깃털을 가지고 있다. 오리건검은방울새는 머리는 검지만 몸 윗부분의 나머지는 적갈색이고, 어깨 주변은 그보다 짙은 구릿빛이며 옆구리 부분은 갈색이다. 두 종류 모두 검은방울새의 학명인 '준코 히에말리스'[*Junco hyemalis*]라고 불린다. 이는 골풀이라는 뜻의 라틴어 '준카체Juncaceae'에서 따온 것인데, 어느 때의 누군가는 검은눈방울새들이 골풀의 씨앗을 먹고 산다고 생각했던 게 분명하다. 하지만 실제로 그렇지 않다. 봄이면 그들은 갓 깨어난 새끼들에게 거미나 곤충의 애벌레를 먹이고, 가을에 다 자라면 볕 좋은 풀밭이나 숲 가장자리를 찾아 다니며 골풀 아닌 다양한 식물의 씨앗을 먹는다. 이들은 먹이를 찾아 먹는 시간 대부분을 땅에서 보내는데 이때 특정 동작을 반복한다. 씨앗이 달린 열매의 줄기에 발을 디디며 한 걸음 폴짝 내디뎠다가 재빨리 뒤로 폴짝 내디디면서 떨어진 씨앗을 쪼아먹는 것이다.

검은눈방울새를 비롯해 이 숲에서 겨울을 나는 새들, 검은머리방울새**Pine siskin**, 노래참새**Song sparrow**, 금빛목털참새**Golden-throated sparrow**, 솔잣새**Red crossbill**, 붉은양지니**Purple finch**는 더글러스퍼 씨앗도 아주 많이 먹는다. 이들이 이 씨앗을 즐겨 먹는 이유는 씨가 크고 녹말이 풍부해서 깨어 먹는 보람이 크기 때문이다. 특별히 씨앗이 엄청나게 열리는 해가 아니면 이 나무에 해마다 열리는 씨앗의 65퍼센트 이상은 열매를 따 먹고 사는 새들이 먹어치운다.

북쪽 숲에서 남쪽으로 이주해오는 일부 참새는 9월에 이곳에서 잠시 머무르며 탄수화물을 최대한 보충해 둔다. 그중 일부는 더글러스퍼 씨앗을 실컷 먹다가 남쪽으로 다시 떠나 태평양 연안 곳곳에 씨앗 섞인 배설물을 분비한다. 나머지는 나름대로 씨앗을 먹을 만큼 먹은 뒤 아메리카황조롱이**American kestrel**, 붉은꼬리말똥가리**Red-tailed hawk**, 털발말똥가리**Rough-legged hawk** 같은 포식자들에게 잡아먹힌다. 그러면서 그들이 따낸 열매는 껍질이 벗겨져 씨앗이 흩어지거나 매한테 함께 먹혔다가 똥 속에 섞여 배설된다. 이리하여 북쪽의 노령림의 씨앗들은 다른 곳으로도 퍼져 남쪽에 있는 숲의 구성을 바꾼다. 수백 수천 년에 걸쳐 새들이 이룬 나무들의 이러한 이주는 남쪽의 기후와 침식 패턴을 바꾸어놓았다. 숲에서 발산한 수분이 수문순환에 영향을 끼치며 나무를 거쳐 지나가는 바람과 맨땅 위로 부는 바람이 다르기 때문이다.

나무들의 반격

많은 포식자의 매력적인 표적이 됐음에도 우리의 더글

러스퍼는 번성했다. 이 나무의 씨앗과 부드러운 눈을 즐겨 뜯어먹는 새와 다람쥐, 검은꼬리사슴이나 줄기 속을 뚫고 들어가는 진균류, 새순과 바늘잎을 너무 좋아하는 곤충, 세포벽으로 들어가기 위해 온갖 방법을 쓰는 여러 박테리아와 바이러스가 그 포식자들이다. 식물은 해충을 쫓을 수도 없고, 피할 수도 없으니 병원균의 공격으로부터 자신을 방어하기 위해 화학무기에 많이 의존한다. 건강한 식물은 계속해서 화학적인 화합물을 만들어내는 효율적인 생화학공장인 셈이다. 이 화합물 중 일부는 성장을 북돋우는 것이며, 나머지 2차화합물로 알려진 것들은 적의 침입으로부터 나무를 보호해주는 기능에 더 관련이 있는 것이다. 고대의 약초에서부터 현대 의약품에 이르기까지 인류가 오랫동안 이용해온 식물의 치료 및 취미의 용도는 이러한 2차화합물에서 비롯된 것이다. 이는 크게 테르펜류**terpène**, 페놀수지류**phenolics**, 알칼로이드의 세 가지 유형으로 나눌 수 있다.

테르펜류 중 일부는 나무의 성장을 돕지만(이를테면 식물 성장 호르몬인 지베렐린산**gibberellic acid**은 테르펜이 주성분이다) 대부분은 방어에 쓰인다. 나무의 수지에는 모노테르펜**monoterpene**과 디테르펜**diterpene**이 들어 있다. 수지는 나무의 줄기와 가지를 따라 위아래로 흐르며, 특별한 관을 통해서 바늘잎과 구과에도 흘러들어간다. 곤충의 애벌레가 나무 속으로 파고들다가 감히 이 관 가운데 하나를 건드리는 수가 있다. 그러면 수지는 애벌레가 먹고사는 방으로 쏟아져 들어간다. 또 그 정도로는 충분하지 않다는 듯, 이 곤충의 식욕을 더욱 꺾어버리는 테르펜도 갖고 있다. 그리고 수지는 굳어지면서 상처난 곳을 메워 진균류의 홀씨가 파고드는 것을 방지한다. 곤충의 공격을 심하게 받은 나무는 껍질에서 튀어나온 수지 마개가 수백 개씩 될 수도 있다. 이를테면 박주가리**Milkweed**는 새에게 유독한 테르펜을 가지고 있어 제왕나비**Monarch butterfly** 애벌레가 박주가리를 실컷 먹는다. 이렇게 섭취한 테르펜 분자 때문에 새들은 이들을 함부로 잡아먹지 못한다. 인도가 원산지인 님나무**Neem tree**의 약용 추출물인 님 기름에 든 강력한 살충 화합물은 트리테르펜**triterpene**이다.

페놀수지류들은 벤젠이 주성분이며 휘발성이 강한 것들도 종종 있다. 그래서 공기를 타고 먼 곳으로 이동할 수 있다. 페놀수지류 가운데 플라보노이드**flavonoid**라고 하는 것은 식물이 수분 곤충들을 유인하는 데 필요한 향기와 색깔을 만들어낸다. 그 밖에 식물의 타감작용**allelopathy**의 원인이 되는 페놀수지류도 있다. 타감작용은 한 식물이 같은 생태계 내에 있는 다른 식물의 생장을 억제하는 능력을 말한다. 예를 들어 밤나무 뿌리가 분비하는 화합물 때문에 이 나무 주변에서는 다른 식물이 잘 자라지 못한다. 사막 식물 중에도 페놀슈지류(아스피린의 원료가 되는 살리실산salicylic acid)를 분비하여 이웃 식물의 뿌리가 물기를 빨아들이지 못하게 하기도 한다.

그런가 하면 페놀수지류는 이웃에 있는 같은 종의 식물에게 잎을 지게 만드는 곤충의 공격이 임박했다고 경고해주는 긍정적인 영향을 끼치기도 한다. 1979년에 행해진 한 실험에서 세 그룹의 버드나무를 화분에 심은 다음 밀폐된 방에 넣어두었다. 이때 두 그룹은 한 방에, 나머지 한 그룹은 다른 방에 넣었다. 전자의 방에 있는 나무 중 절반이 잎을 갉아먹는 애벌레에게 감염되었다. 2주가 지나자 감염된 나무들의 면역체계가 애벌레의 공격을 물리칠 수 있을 정도로 강화되었고, 동시에 같은 방에 있는 감염 안 된 나무들의 면역체계도 강화되었다. 감염된 나무들이 어떻게든 같은 방에 있는 다른 나무에게 경보를 보낸 것이다. 이때 나무들은 제각기 화분에 있었으므로 균근을 통해 전달한 것이 아니었다. 감염된 그룹에서 분비한 어떤 휘발성 화합물이 이웃 나무 그룹의 경보 장치를 작동시킨 것이다.

식물은 초식성 곤충의 공격을 받았을 때 그 공격자를 주식으로 삼는 다른 곤충을 유인하는 페놀수지류를 분비하기도 한다. 야생담배를 가지고 한 실험에 따르면, 박각시나방**Hawkmoth** 애벌레가 담배잎을 갉아먹자 담배는 이 애벌레를 먹고 사는 난생곤충인 서부큰눈노린재**Western bigeyed bug**를 끌어들이는 방향성 화합물을 분비했다고 한다. 아마도 애벌레의 침에 들어 있는 화학물질이 이 식물의 경보 체계를 발동시킨 것 같다. 이와 비슷한 현상은 은행나무, 옥수수, 목화 같은 식물에서도 관찰되었다. 리마콩의 화학물질 분비를 연구한 네덜란드 식물학자 마르셀 디케**Marcel Dicke**에 따르면 "식물이 자신의 보디가드에게 연락하는 행위는 전부는 아니더라도 대다수 식물 종의 특징"인 듯하다. 실제로 식물이 도움을 청하는 진드기나 기생하는 말벌이 대단히 많다. 또 식물을 약탈하는 곤충들은 그러한 화학적 신호를 탐지하기 위해 공기를 모니터링하는 능력을 진화시켜왔다.

타닌**tannin**은 고분자 플라보노이드로, 식물의 조직을 미생물의 공격에서 보호해주는(이는 가죽을 '무두질하는**tan**' 데 쓰이는 것과 같은 기능이다) 물질이다. 참나무, 밤나무, 침엽수에서 타닌은 초식동물의 배 속을 상하게 하여 나무를 갉아먹지 못하게 만든다. 즉 타닌이 동물 소화관의 상피막을 파열하여 먹은 것을 소화할 수 없게 만드는 것이다. 그 결과, 사슴이나 곰 같은 일부 초식동물들은 체중을 유지하는 데 필요한 양분을 충분히 얻기 위해 잎을 엄청나게 많이 먹어야만 하는 경우가 종종 있다. 동물은 질소 때문에 식물을 먹기도 하는데, 식물은 잎에 든 질소 성분의 양을 조절해 동물의 그러한 필요성을 활용한다. 그리하여 곤충을 포함한 초식동물들이 질소량이 적당한 먹이를 찾기 위해 나무의 한 부분에서 다른 부분으로, 한 나무에서 다른 나무로, 아니면 더 바람직하게 한 종에서 다른 종으로 옮겨가도록 하는 것이다.

그런 상황일지라도 식물은 질소량을 되도록 낮게 유지한다. 나무는 모든 식물 가운데 가장 낮은 질소 비율(물관부는 약 0.0003퍼센트, 잎은 최대 5퍼센트, 새순과 눈은 최대 8퍼센트 정도)을 유지한다. 대부분의 곤충은 번식하기 위해 체내의 질소 비율을 9~15퍼센트 사이로 유지할 필요가 있다. 식물은 또 타닌이나 알칼로이드 같은 페놀계 독소와 질소를 섞어서 잎이나 씨앗의 맛을 먹기 불가능한 것으로 만든다. 사슴이나 들소, 곤충 같은 초식동물들이 철에 따라 이주하는 것은 이들이 언제나 질소가 풍부한 초목을 뜯어먹기 위해 찾아다닌다는 것으로 어느 정도 설명이 가능하며, 궁극적으로 식물의 통제에 따른 현상이라 할 수 있다.

식물이 만들어내는 화학적인 2차화합물 가운데 세 번째 유형인 알칼로이드는 빛이 유리를 통과하듯 세포막을 쉽게 통과할 수 있다. 알칼로이드는 중추신경계로 곧장 이동하여 뇌의 반사작용을 촉발한다. 예컨대 카페인은 아드레날린을 흉내 내는데, 그 때문에 우리는 잠에서 잘 깨어 있다는 착각을 갖게 된다. 커피 중독자들은 언제나 좌절을 겪는 아드레날린 광이다. 담배가 만들어내는 알칼로이드인 니코틴은 카페인보다 10배나 빨리 뇌에 전달되어 훨씬 더 중독성이 높다. 모르핀은 아편의 주된 알칼로이드이며 마찬가지로 대단히 중독성이 높다.

알칼로이드라고 해서 모두 해로운 것은 아니다. 말라리아를 방지하는 데 필수적인 퀴닌**quinine**은 신코나나무**Cinchona tree**의 껍질에 있는 알칼로이드다. 벨라도나풀**Atropa belladonna**의 뿌리에서 분리해서 얻어지는 아트로핀**atropine**은 호흡촉진제 및 진경제로 쓰인다. 하지만 대부분의 알칼로이드는 일정량 이상을 섭취하면 독이 된다. 스트리크닌**strychnine**은 동남아시아의 독성 있는 마전자나무**Strychnos nux-vomica**에서 나오는 알칼로이드다. 스트리크닌의 묽은 용액은 19세기에 알코올중독을 치료하는 데 쓰였으나 그보다 조금 더 진한 용액이라면 아주 고통

스러운 죽음의 원인이 된다. 니코틴은 옴 치료약으로 개발되었으며, 좀 더 강하게 조제하면 간질 치료제로 쓰였다. 단 과용하면 의식을 잃거나 죽을 수도 있었다. 동인도의 가스바스나무Gasubasu tree에서 추출한 네르보시딘nervocidine은 치과의사들이 비소 대신에 마취제로 쓰면서 많은 환자의 마음을 놓이게 했으나, 체중 1킬로그램당 1마이크로밀리그램(1밀리그램의 100만 분의 1)밖에 되지 않는 양으로 피하주사를 하여 개를 죽이는 데 쓰이기도 했다. 모르핀보다 중독성이 적은 아편 대체물을 찾아보려던 시도는 그보다 20배나 더 중독성 강한 화합물인 헤로인을 만들어내는 역효과를 낳기도 했다.

숲에서 흔히 볼 수 있는 식물 중 일부는 치명적인 알칼로이드를 갖고 있다. 대부분은 아름다운 백합과 식물의 일원이다. 예컨대 독성이 강한 데스캐머스Death Camas는 식용 뿌리를 가진 '진짜' 캐머스Camas 곁에서 자라며 그와 비슷한 모양을 한 채 곱고 노란 꽃을 피운다. 이 때문에 식량이 부족해진 아메리카 원주민들이 숲속의 캐머스 풀밭을 찾았을 때 이 둘을 구분하기 위해 대단히 조심해야 했다. 이 일대에는 북미서부헬르보어western false hellebore도 자란다. 사시나무가 모여 있는 곳 아래에서 자라곤 하는 이 풀은 암컷 양이 잉태한 지 14일 되는 날에 먹을 경우 애꾸눈병에 걸리게 만든다. 또 아메리카 원주민들은 불임을 유발하기 위해 이 풀의 뿌리를 달인 물을 하루에 세 번씩 3주 동안 마셨다. 어린 초록 헬르보어는 대단히 독성이 강하다. 그런데도 원주민들은 혈압을 낮추려고 첫서리가 내린 뒤에 이 풀의 잎을 달인 물을 마셨다. 정원용 살충제로 파는 헬르보어가 바로 이 어린 풀을 말려서 가루를 낸 것이다. 디오스코리데스는 하얀 헬르보어를 알았는데, 그는 이 풀의 뿌리를 말려서 간 다음 꿀과 섞으면 생쥐를 죽이는 데 쓸 수 있다고 했다.

『사이언스』에 실린 1984년 하버드대학 암센터가 수행한 흥미로운 연구 결과가 있다. 펜실베이니아의 한 병원에서 외과 환자들의 입원실 전망이 일반적인 도시 풍경이 아니라 나무로 우거져 있을 때 회복도 빠르고 약물도 덜 투여됐다고 보고하자 암센터 연구자들이 과학적인 규명을 찾기 시작했다. 그러면서 나무의 이로운 효과에 대한 다른 사례들도 곧 밝혀졌다. 일례로 세계 최대의 주택 건설 프로젝트였던 시카고의 '로버트 테일러 홈즈Robert Taylor Homes'에서 발표한 바에 따르면 고층 공동주택의 입구가 나무로 둘러싸인 곳에 사는 입주민이 콘크리트와 유리로 된 곳에 사는 입주민보다 이웃과의 관계가 좋고 더 강한 공동체의식을 지녔다. 무슨 이유였을까?

이 답의 힌트는 '삼림욕'에 있다. 삼림욕 전문 연구자들은 도시인이 하루에 20분 정도 숲속에서 산책할 경우 스트레스 호르몬인 코르티솔cortisol 수치가 낮아졌다고 말한다. 또 혈압과 교감신경이 완화되고, 부교감신경은 활발해졌다고 덧붙였다. 시청각적 자극도 그런 변화에 영향을 주었지만 주된 요인은 '호흡'인 듯하다. 한 연구에서는 실험대상자들에게 숲에서 흔히 맡을 수 있는 세 가지 나무 향(삼나무, 히바유, 편백)을 노출했다. 그러자 참가자 모두 혈압이 낮아지고, 전두엽 피질이 활성화되고, 신경계가 활발해졌으며, 긴장이 완화되어 집중력과 생산성이 향상되는 모습을 보였다. 이 유익한 효과의 원천은 피톤치드로 추정된다. 이 휘발성 유기화합물은 나무 등 여러 식물이 적대적인 생물이나 포식자를 물리치기 위해 발산하는 물질이다. 식물을 덜 매력적으로 느끼게 고안된 화합물에 인간이 왜 좋은 자극을 받는지 그 이유는 아직 모르지만, 피톤치드의 영향인 것은 사실인 듯하다.

모든 생명은 교배한다

한 해에 열리는 씨앗의 65퍼센트는 새들이 먹어치운다. 나머지는 더글러스다람쥐, 생쥐, 들쥐, 줄무늬다람쥐가 거의 해치운다. 우리의 더글러스퍼 씨앗 중 땅에 떨어져 새로운 나무가 되는 것은 단 1퍼센트 가운데 10분의 1도 채 안 된다는 사실은 놀라운 일이 아니다. 나무가 엄청난 양의 씨앗을 만들어내는 것은 이러한 손실을 보상하는 방법의 일환이다. 그런데 더글러스퍼가 씨앗을 만들어내는 양은 일부 꽃식물의 양에 비하면 시시한 정도다(예를 들어 일부 난초의 삭과capsule 하나에는 씨앗이 400만 개가량 들어 있음에도 더글러스퍼에 비하면 번식 성공률이 훨씬 낮다). 아리스토텔레스의 철학을 기독교 교리에 접목시키려 했던 성 토마스 아퀴나스(쾰른과 파리에서 알베르투스 마그누스의 제자이자 동료로 일했다) 같은 중세의 철학자는 씨앗이 이렇게 엄청나게 많이 맺히는 것을 보고 창조주의 원대한 설계의 증거로 삼았다. 자연은 '하느님의 작업설명서'이며 씨앗의 과잉생산은 자연의 풍요로움을 보여주는 한 예라는 것이다. 그는 씨앗이 충분히 많아야 인간을 포함한 모든 동물을 먹여 살릴 수 있으며, 그러고도 충분히 남아야 종을 계속 유지할 수 있다고 생각했다.

그래서 과잉생산을 신의 섭리의 증거이자 자연적인 원인의 결과로 본 것이다.

성경의 비유인 '모든 살은 풀이다'라는 말은 말 그대로 받아들일 수 있다. 우리가 먹는 거의 모든 것은 식물 자체이거나 식물을 먹고 사는 동물이기 때문이다. 인간은 좀처럼 육식동물을 먹지 않는다. 우리가 보통 먹는 것 가운데 곤충을 먹고 사는 새를 제외한다면 고기를 먹고 사는 유일한 동물이 물고기다. 그중 상당수는 양식해서 키우는 것이며, 가장 잘 알려진 것이 연어다. 육식동물을 사육하는 것은 대단히 비효율적인 일이다. 1킬로그램의 연어를 양식하기 위해서는 식용 물고기 3~5킬로그램이 필요하다. 이는 사자 고기를 먹으려고, 많은 염소와 양을 사자에게 먹여 키우는 일과 같다.

우리는 이제 인류문화의 운명을 경작가능한 토양층에 걸어보는 희망이 희박하다는 것을 안다. 지구를 농구공 크기로 줄여서 살펴본다면 지표면의 토양은 고작 원자 크기밖에 되지 않을 것이다. 그런데도 우리는 농약을 쳐가며 농사를 짓고, 독성 쓰레기를 내버리며 적디적은 토양층을 혹사시킨다. 정말 우리의 모든 살이 풀이라면 이 존재를 더 잘 보살피는 일은 당연히 우리의 관심사여야 한다.

신학이라는 학문과 과학에서 배운 것을 조화하고자 했던 초대의 신학자들이 봤을 때, 신의 질서에 따라 창조할 수 있도록 해주고 창조를 계속 유지시켜줄 정도로 식물이 많은 씨앗을 생산한다고 보는 것이 이치에 맞았다. 17세기에 영국에서 이러한 견해를 주도적으로 지지한 사람이 존 레이Jon Ray였다. 그는 영국 자연사 분야의 창설자로 불리는 사람이다. 나중에는 그리스어와 수학을 가르치기도 했던 가톨릭 사제인 레이는 식물학에 관심을 두면서 나무 수액의 운동, 발아, 종의 수, 종 간의 차이점에 대한 논문을 썼다. 마지막 두 논문에서 그는 당대의 여러 식물학자처럼 식물의 분류체계에 공을 많이 들였다. 식물왕국을 씨앗과 열매와 뿌리의 특징에 따라 조직하는 지속적이고 신뢰할 만한 방법을 추구했던 것이다. 식물학과 동물학 분야에서는 매일같이 쏟아지는 듯한 새로운 정보의 혼돈에 질서를 부여할 수 있는 보편적인 방법이 필요했다.

레이는 식물의 성행위에 대해 이리저리 생각해보았는데, 이는 청교도적 도덕관념이 지배적이던 당시의 영국에서는 망측한 발상이었지만 유럽 전반에서는 인기를 얻는 중인 주제였다. 한 세대 전에 느헤미야 그루가 식물의 꽃밥이 웅성 생식기라는 주장을 펼쳤고, 레이는 그 의

견에 동조하는 경향을 보였다. 식물과 동물을 그런 식으로 결합하다 보면 보편적인 분류체계를 더 쉽게 찾아낼 수 있을 것 같았다. 그런데 그런 생각을 공개적으로 표현할 수 있을 때까지 거의 반세기가 걸렸다. 그러다 이탈리아의 카메라리우스가 나타났고, 뒤이어 프랑스 식물학자 세바스티안 바양**Sebastien Vaillant**이 나타났다.

바양은 파리의 왕실정원(나중에 파리식물원이 된다)에 있는 식물들을 담당하고 있었다. 그는 1714년에 프랑스 최초의 온실 건축을 감독했으며, 마침내 식물원의 교수가 되었다. 1717년 그는 개원 기념 강연을 했고, 그 내용은 식물의 성에 관한 것으로 라브로스의 견해를 확장하고, 카메라리우스의 아이디어를 프랑스에 최초로 공개 발표한 것이었다. 이 강연은 인기가 너무나 좋아서 아침 여섯 시에 시작되었는데도 객석이 꽉 찼다. 그가 설명을 돕기 위해 활용한 나무는 피스타치오였는데, 이 나무는 아직도 자연사박물관의 알프스정원에서 자라고 있다. 바양의 강연록은 그가 1722년에 사망한 뒤에 발간되어 세상을 계속해서 떠들썩하게 했다. 아마도 그 책에 가장 큰 영향을 받은 사람은 스웨덴의 웁살라대학에 재학중이던 몹시 가난한 젊은 학생이었을 것이다. 그 책을 탐독한 이 학생의 이름은 카를 폰 린네**Carl von Linné**로, 바로 카롤루스 린네다.

식물에 성 구별이 있다는 생각은 새로운 사실이 아니었다. 린네의 호기심을 자극한 바양의 생각은 식물의 생식기가 여타 다양한 종 중에서도 대단히 일관적인 면이 있어서 분류체계의 기초로 활용할 수 있다는 점이었다. 당대의 다른 분류체계들은 꽃 모양이나 색깔, 크기 같은 애매하고 주관적인 판단에 의존했다. 그래서 린네가 주장한 것은 생식기의 숫자를 단도직입적으로, 산술적으로 세는(이를 스티븐 제이 굴드는 '숫자에 대한 건조한 해부'라고 말했다) 방법이었다.

당시에 분류학 분야는 비잔틴제국 황제의 혈통만큼이나 복잡했다. 자연계를 분류하는 데 300가지 이상의 분류체계가 이용되었을 정도다. 그런데 바양의 논문을 읽은 린네가 세운 기본 원칙은 놀랍도록 단순했다. 테오프라스토스는 이미 속과 종에 따라 표본을 구분했었다. 린네는 여기에 단지 두 개의 범주, 강과 목을 추가했을 뿐이며 각 유기체를 적당한 자리에 배치하는 쉬운 방법을 고안해냈다. 식물의 강은 수술의 수와 배열에 따라 결정된다. 목은 심피의 수와 배열에 따라 결정된다. 린네의 식물 분류체계는 멜빌 듀이의 도서 10진 분류법에 비견할 만한 것이었다. 린네의 분류에 따르면 24개의 강,

수십 개의 목, 수백 개의 속, 수천 개의 종이 있었다. 이제 세상은 거대한 도서관 같아 보였다. 즉 각 종은 정확한 층(강)의 알맞은 부분(목)의 옳은 선반(속)에 자기 자리를 얻은 듯했다. 그것도 알려진 모든 종뿐 아니라 도서관에 새로 들어온 종이 전부 그랬다. 모든 식물의 강과 목은 돋보기와 숫자 20까지 셀 수 있는 능력만 있으면 실험실뿐 아니라 야외에서도 쉽게 판단할 수 있었다(수술이 하나인 식물은 모난드리아Monandria('한 남성'이라는 뜻)강이고, 둘이면 디안드리아Dianadria강 그리고 스물이면 이코산드리아Icosandria강이었다. 그 이상을 넘으면 폴리안드리아Polyandria로 불렀다). 린네 이후부터는 새로운 식물을 분류하는 일이 사실상 관례가 되었다.

린네가 개발한 분류체계는 새로운 범주가 몇 개 추가되기는 했어도 오늘날에도 여전히 주요한 분류 방식으로 쓰인다. 지구상의 모든 생물은 세 개의 영역, 즉 박테리아, 아케이아Archaea(고세균), 유카리아Eukarya(진핵생물)로 구분되었다. 인간은 약 20억 년 전에 박테리아에서 분화해온 진핵세포의 후손이다. 그리하여 인류는 분류학적으로 다음과 같이 규정된다. 영역은 진핵생물, 계는 동물, 문은 척삭동물Chordata, 강은 포유동물, 목은 영장류, 과는 사람Hominidae, 속은 사람Homo, 종은 사람

sapiens이다. 즉 사람은 진핵생물 영역에 속한 동물계 척삭동물문 포유강 영장목 사람과 사람속 사람종인 생물인 것이다. 더글러스퍼의 분류학적 신분은 진핵생물 영역에 속한 식물계 구과식물문 피노프시다Pinopsida강 소나무Pinales목 소나무Pinaceae과 슈도츠가속 멘지시종이다.

그런데 그 어떤 분류법도 그 유기체를 제대로 규명하지 못하는 것도 있다. 사실 린네 분류법의 단순성이 가진 가장 큰 단점이 그런 부분이다. 린네가 마치 식물학의 즐거움을 앗아가버린 듯한(듀이가 서재를 뒤지는 즐거움을 앗아가버린 것처럼) 감이 있기도 했다. 탐스러운 열매의 아름다움이나 산속 개울 위에 드리워진 가지의 우아한 곡선, 혹은 비온 뒤에 가물거리는 초원에 돋보이는 한 무리 꽃송이의 눈부신 자태는 안중에도 없어진 것이다. 그 대신에 수술이 몇 개인지, 심피가 몇 개인지 하는 질문만 하게 되었다. 그런 린네 자신이 자기 글에서 차가운 숫자놀음을 누그러뜨려보려는 노력을 하기도 했다. 1729년에 그는 하나의 수술과 하나의 암술을 가진 식물을 보고 결혼 첫날밤을 맞은 신랑 신부의 모습에 비유한 적이 있다. "이 꽃의 잎들은 (…) 창조주가 마련해준 훌륭한 신혼 침대 노릇을 해준다. 너무나 귀한 침대 커튼 장식이 달린, 너무나 달콤한 향내가 나는 이 침대에서 신랑은 신부와 함께 더욱 엄숙하게 혼인을 축하할 수 있게 된 듯하다." 그러나 아무 소용이 없었다. 린네의 방식은 아마 그럴 수밖에 없었겠지만 뜻밖의 운이 작용할 가능성은 다 사라져버린, 아주 건조한 분류체계였던 것이다. 이에 대해 다윈은 『종의 기원』에서 "이 체계의 독창성과 유용성은 논란의 여지가 없다."라고 언급했다. 스웨덴의 이 자연학자는 자신의 분류체계가 하느님의 속내를 밝힌 것이라 여겼다. 이에 다윈은 "하지만 시간이나 공간 속의 질서, 시공간의 질서 또는 그 밖의 무엇이 창조주의 계획에 따라 어떻게 나타났는지를 규명하지 못한다면, 내가 보기에 우리의 지식을 추가해준 것은 아무것도 없는 듯하다."라고 평했다.

웁살라에 있는 린네의 옛집 뒤뜰에 잘 보존되어 있는, 성소 같은 린네의 정원을 방문한 작가 존 파울즈는 다윈의 이 따끔한 지적을 되새겼다. 파울즈는 자신이 대폭발의 현장에 서 있다는 느낌을 받았다. "(이 대폭발이 일으킨) 인간 뇌 속의 방사능과 돌연변이는 차마 헤아릴 수 없는 것이며 앞으로도 계속 그러할 것이다." 그러면서 그는 린네의 조그만 정원이 "지성의 씨앗이 떨어져서 이제는 온 지구에 그림자를 만들어주고 있는 나무로 성장한 곳"이라고 묘사했다. 하지만 파울즈는 자신이 "린네에 반기를 든 사람"이라고 고백했다. 그는 린네가 실현하기 위해 그토록 애쓰던 개별화, 이를테면 자연현상을 특정 강 속의 특정 목으로 축소하려는 경향에 반발했다. 그는 그런 경향을 인간중심주의anthropocentrism, 즉 자연을 인간의 입장에서만 바라보게 만든 첫걸음으로 봤다. 그는 린네의 분류체계가 우리에게 범주와 분류의 능력을 키워주는 대신에 '보고 깨닫고 체험하는 가능성'을 잃어버리게 한다고 말했다. 카메라 뷰파인더를 통해 자연을 바라보는 것과 같은 이치라는 것이다. 그리고 그것이 "이 웁살라인의 지식의 나무에서 열린 쓴 열매"라고 일갈했다.

근래에 와서 DNA를 추출하고 비교하는 능력은 린네의 통찰이 가진 정확성(아름다움까지는 아니지만)을 새롭게 인정하게 해준다. 심피와 수술을 세는 것보다는 복잡하다 하더라도, DNA 분석은 보기에는 무관한 듯한 종들이 서로 얼마나 비슷한지를 판단하는 데 도움이 되는 강력한 수단이다. DNA가 가진 힘의 핵심은 염기라는 분자구조 네 개의 배열이다. 네 염기는 머리글자를 따서 A(아데닌adenine), T(티민thymine), G(구아닌guanine), C(사이토신cytosine)이다. 네 염기는 한 가닥의 분자 사슬에 일렬로 배열되며, 각각의 염기 배열을 가진 DNA의 두 사슬은 서로 짝을 이루어 나선형으로 타고 오르는 꼴을 하고 있다. 한 사슬의 A는 다른 사슬의 T하고만 짝을 이루며, G는 오직 C와 짝을 이룬다. 한 사슬에 있는 염기들의 배열은 하나의 메시지 또는 문장을 이루는데, 이는 연속적인 세 문자의 말로 표현된다(유전학자들은 하나의 종이 가진 DNA 전체를 그 종의 '책'이라고 부른다).

염기들이 서로 짝을 이루는 경향은 유용한 특성이다. DNA 분자들로 이루어진 어떤 용액을 염기들 사이의 결합이 깨어질 때까지 가열하면 짝을 이루던 가닥들이 분리되어 자유롭게 떠오른다. 그러다 열을 서서히 식히면 염기들은 충돌하는 듯하다가 새롭게 짝을 짓는다. 염기배열 간의 짝짓기는 대단히 독특해서 이중나선의 분자들이 새롭게 만들어진다. 한 종의 DNA를 다른 종의 DNA와 섞은 뒤 그 용액을 가열한 다음 서서히 식히면, 한 종의 DNA 가닥이 다른 종의 자기와 비슷한 DNA 염기배열을 발견할 수 있다. 그리하여 두 가닥은 지퍼처럼 서로 맞물리며 다른 종을 만들어낸다. 그러한 교배종hybrid을 측정하는 것이 가능하며, 그런 교배종을 만들어내는 데 각 종이 어느 정도로 기여했는지를 판단할 수도 있다. 각 종이 가진 DNA의 많은 부분이 상대방과 함께 교배를 이루어냈다면 우리는 원래의 두 종이 상당히 가까운 사이였다는 점을 알 수 있다. 서로 비슷한 염기배열이 매우 많았던 게 분명하기 때문이다. DNA 분석으로 판단한 종들 간의 유사성은 린네가 관찰했거나 예측한 관계와 일치하는 경우가 상당히 많다.

바람, 날개, 동물을 쓰는 지혜

각 종은 각자의 처지에 따라 나름의 문제를 해결하거나 해내지 못하면 죽고 만다. 그래서 각자의 해법이 지닌 독창성은 종의 수와 처지에 따라 대단히 다양하다. 종은 하나의 장벽을 극복했다고 해서 비슷한 문제가 또 갑자기 일어날 때 반드시 같은 해법에 의존하지는 않는다. 예를 들어 꽃가루를 퍼뜨리는 문제를 만족스럽게 해결한 경험이 있는 똑똑한 식물이라면 씨앗을 퍼뜨릴 때도 그냥 비슷한 전략을 구사할 법하다. 하지만 그런 일은 거의 일어나지 않는다.

꽃가루와 씨앗은 서로 목표가 아주 다르다. 나무는 꽃가루를 되도록 멀리 넓게 퍼뜨려서 주어진 개체가 자신의 유전물질을 퍼뜨릴 기회를 최대화하는 것이 이로울 거라 생각할 수 있다. 그러나 사과가 어버이나무로부터 너무 먼 곳에 떨어지도록 내버려두는 것이 반드시 좋은 아이디어는 아니다. 멀리 떨어진 나무에 수분한 나무는 자기 씨앗을 돌보는 한편 그 나무가 씨앗을 돌보도록 해주어야 할 것이다. 묘목이 균근바닥에 자리를 잡는다는 것은 어렵겠지만 자손이 어버이와 가까이 있기 때문에 도움을 받을 수도 있다. 어버이의 뿌리가 내린 균근바닥에 함께 자기 뿌리를 내릴 수 있기 때문이다. 그렇게 하여 어린나무들은 알맞은 진균류를 확실히 찾아낼 수 있을 뿐 아니라 땅속에 공유하고 있는 양분의 네트워크에 발을 뻗어서 자손과 어버이가 서로 유익을 나누게 한다. 균근이 군락을 이룬 곳에서는 나무가 클수록 양분을 빨아들이는 힘이 세고 작은 나무들을 희생시켜가며 번성할 것처럼 보이지만 실제로는 큰 나무들이 작은 나무들에 비해 전체에 기여하는 탄수화물 양이 더 많다. 어미그루(어버이나무)는 곰이나 노랑솔새와 마찬가지로 새끼를 먹여 살리는 것이다. 그리고 자가수분을 하지 않는 식물은 같은 종의 식물에 가까이 둘러싸이면 분명 더 잘 자란다.

더글러스퍼는 꽃가루와 씨앗을 퍼뜨리기 위해 모두 바람에 의존한다. 이때 꽃가루는 최대한 멀리 날아가도록 하지만 씨앗은 상대적으로 가까이 떨어지게 한다. 더글러스퍼 씨앗은 가을 산들바람을 타기 위해 날개를 하나만 달고 있는데, 이는 침엽수의 세계에서 흔하긴 하지만 보편적인 특징은 아니다. 대신에 이 씨앗은 무겁기 때문에 좀처럼 집에서 먼 곳까지 날아가지는 못한다. 다른 침엽수들 가운데는 자기 자식이 전혀 다른 곳에 돌아다니도록 내버려두지 않는 것도 있다. 예를 들어 로지폴소나무는 구과 속에 씨앗을 간직한 채 25년 동안이나 버티고 있다. 불이 나서 씨앗이 빠져나오지 않을 경우, 구과는 여전히 씨앗을 품은 채 나무에서 떨어져 결국 껍질이 썩어서야 씨앗이 드러나게 한다. 놉콘소나무**Knobcone pine**는 소유욕이 더 강하다. 이 소나무가 씨앗을 얼마나 오래 붙들고 있느냐면 나무껍질이 구과를 덮을 정도로 자라며 어미그루가 죽어서 땅에 쓰러진 뒤 썩으면서 자손을 위한 거름 역할을 할 때쯤에야 씨앗이 드러난다.

날개 달린 다른 씨앗이나 열매는 더 멀리 날아간다. 느릅나무나 물푸레나무의 열매에는 날개가 두 개 있다. 그래서 이 열매들은 좀 더 천천히 빙빙 돌며 땅에 떨어지게 되고, 따라서 구과보다는 좀 더 먼 곳까지 이동할 수 있다. 북미 동부의 침엽수림에 사는 리기다소나무**Pitch pine**는 날개 달린 씨앗들을 가을에 한꺼번에 다 내보내지 않고 겨울에도 내내 조금씩 씨앗을 퍼뜨린다. 그러면 눈이나 얼음에 떨어진 씨앗이 계속해서 바람을 타고 이동하거나 봄이 되어 땅 위로 흐르는 빗물을 타고 이동한다. 헨리 데이비드 소로는 리기다소나무 씨앗을 관찰하고는 "그런 식으로 폭이 반 마일 정도 되는 우리 마을의 연못을 건넜는데, 나는 그것이 왜 어떤 경우에는 몇 마일씩 바람에 날려가지 않는지 모르겠다."라고 기록한 바 있다. 이를테면 얼어붙은 강물을 따라, 아니면 연이어 있는 초원들을 건너면서 말이다. 날개 달린 씨앗 가운데 제일 큰 것은 브라질아라리바나무Brazilian arariba 또는 얼룩말나무zebrawood라고 불리는 나무의 씨앗이다. 이 씨앗의 날개 길이는 17센티미터나 되는데 이 씨앗이 땅으로 뱅뱅 돌며 원만한 각도로 내려앉을 때에는 바람을 타던 글라이더가 내려앉는 모습 같다.

바람을 타고 퍼지는 씨앗들이 전부 날개를 가지고 있는 건 아니다. 어떤 것들은 낙하산을 가지고 있다. 민들레 씨앗이나 남아프리카실버나무South African silver tree의 씨앗 같은 게 그렇다. 풍선세나Bladder senna 같은 관목은 풍선을 가지고 있다. 이 나무의 꼬투리는 부풀었다가 나무에서 떨어져 나올 때면 공중에 둥실 떠오른다. 깃털겨우살이Feathery mistletoe로 알려진 남극의 작은 식물의 수술은 꽃가루가 밑씨에 전해지고 나면 스스로 재배열하여 씨앗에 붙어 있는 기다란 깃털 모양으로 바뀌어 씨앗의 돛 역할을 한다. 흔히들 회전초Tumbleweed를 씨앗을 퍼뜨리는 개체로 여기지 않지만 그것은 실제로 그런 역할을 한다. 씨앗이 건조해져서 싹을 틔울 준비가 되면 가시투성이의 소송나물Saltwort 같은 회전초는 뿌리에서 떨어져나와서 공처럼 뭉친 다음 바람을 따라 평원 위를 통통 굴러다닌다. 하나의 공이 된 이 식물이 땅에 튈 때마다 씨앗이 흩어지는 것이다. 호리병박Gourd은 물에 떠다니도록 만들어진 것 같으나 일부 사막에 사는 것들의 씨앗껍질은 바람에 흩어진다. 이 씨앗껍질은 바짝 말라서 공기처럼 가벼워진 다음 사막 위를 굴러다니다가 젖은 땅, 바라건대 오아시스가 있으면 자리를 잡는다. 그러면 햇볕에 따뜻해진 씨껍질이 활짝 열리면서 작고 검은 씨앗을 바람에 흩뿌리는 것이다.

물의 도움으로 씨앗을 퍼뜨리는 것도 꽤 인기가 좋은 방법이다. 지표면 대부분이 물로 되어 있는 저위도 지방, 그리고 물이 따뜻하고 잔잔하고 양분 많은 열대지방에서는 특히 그렇다. 물의 도움을 받아 퍼지는 씨앗은 물에 잘 떠야 하고 방수능력이 있어야 한다. 꽃창포Flag iris 씨앗은 공기주머니가 있어서 물에 잘 뜬다. 코르크 코팅이 되어 있는 씨앗이 있는가 하면, 왁스나 기름으로 코팅된 것들도 있다. 코코넛은 정말 코러클coracle[2] 같은 배여서 물에 몇 년이나 떠 있을 수 있다. 바다에 떨어지는 씨앗은 소금기에도 잘 견뎌야 한다.

미국 켄트주 다운에 있는 집 뒤의 수천 평을 정원으로 쓴 다윈은 씨앗이 퍼지는 문제에 상당한 관심을 가졌고 그 작동원리를 파악하기 위해 엄청난 실험을 했다. 집 온실에다가 짠물을 가득 채운 용기를 여러 개 두고 그 속에 온갖 기괴한 조합을 다 만들었다. 즉 껍질 벗겨진 씨앗, 껍질 속에 든 씨앗, 죽은 새의 멀떠구니에 든 씨앗, 설익은 씨앗, 무르익은 씨앗, 가지에 붙어 있는 씨앗, 흙 속에 묻힌 씨앗을 각각 넣어둔 것이다. 그는 씨앗이 어느 본토에서 근해의 섬으로, 한 섬에서 다른 섬으로 떠서 이동하더라도 생명력을 유지할 수 있다는 것을 증명하려 했다. 대부분의 식물학자는 그런 가능성을 의심하고는, 이를테면 유럽 토착종인 식물이 어떻게 북대서양의 아조레스제도에서 발견될 수 있는지를 설명하기 위해 기발한 방법을 제시하곤 했다. 제일 흔한 설명은 육교였다. 일각에서는 지금은 사라진 아틀란티스대륙이 해답이라는 주장을 심각하게 펼쳤다. 다윈은 "현존하는 종들의 시대에 그런 어마어마한 지리적 변화가 있었다고 우리가

---

2 버드나무 가지로 바구니처럼 만들어 가죽을 친 배.

인정해도 되는 것인지"를 알아보기로 했다. 그는 그렇지 않다고 생각했다.

그리고 그 실험의 결과를 『종의 기원』에 발표했다. "놀랍게도 87개 종류의 용기 가운데 64개 종류가 (짠물 용기 속에) 28일 동안 잠겨 있다가도 싹을 틔웠으며, 몇몇은 137일 동안 잠겨 있어도 생명력을 유지했다." 말린 헤이즐넛은 90일 동안 생명력을 유지했으며, 말린 아스파라거스는 85일간 물에 떠다닌 뒤에도 평소처럼 싹을 틔웠다. 다윈은 한 지역의 씨앗 가운데 14퍼센트가 "해류에 28일 동안 떠다니다가도 싹을 틔우는 힘을 유지할 수 있다."라고 판단을 내렸다. 그는 그렇다면 그 씨앗들이 바다를 따라 1,500킬로미터를 이동한 뒤에 닿은 육지에서도 식물로 자랄 수 있다는 계산을 했다. 거기다가 새의 멀떠구니에 담겨 옮겨진 씨앗과 새의 똥이 응고된 조분석guano에 섞인 씨앗, 떠다니는 나무줄기에 붙어 있는 흙 속에 든 씨앗 그리고 바다동물들이 먹은 씨앗(갈라파고스 토마토 씨앗의 경우 자이언트거북의 배 속에서 2~3주를 지낸 뒤에도 싹을 틔운다)을 전부 합친다면 식물이 아주 먼 거리까지, 심지어 드넓은 바다 건너까지 충분히 이동할 수 있었다. 그러면 굳이 잃어버린 대륙이 등장할 필요가 없어진다.

다윈은 씨앗의 과잉생산과 씨앗이 퍼지는 방식에 관심이 많았다. 그것이 자신이 말한 자연선택을 토대로 하는 진화론에 부합되는 것이었기 때문이다. 그것은 또 새로운 종이 생겨나는 방식을 설명해주기도 했다. 식물이 필요 이상의 씨앗을 만들어내는 것은 각자 진화해오는 과정에서 극히 일부만이 살아남을 수 있었기 때문이다. 평년을 기준으로 더글러스퍼의 씨앗 가운데 자그마치 60퍼센트가 변변찮은 것들이다. 씨앗이 좋지 않은 해에는 그 비율이 82퍼센트까지 올라간다. 나머지 중 상당수는 적합하지 않은 곳에 떨어지거나 불에 타버리거나 곤충이나 새, 다른 동물에게 먹힌다. 한편 살아남은 씨앗 가운데 일부는 유전적으로 약간의 변이를 일으키는데, 이는 그들이 원래의 서식지에는 적합하지 않도록 하는 대신 먼 곳의 환경이나 다른 기후를 가진 환경에서 더 잘 자랄 수 있도록 해준다. 이러한 새로운 유전자 조합을 가진 씨앗들은 바람이나 새, 동물 혹은 빙산과 빙하의 이동 그리고 그 밖의 다른 수단으로 먼 곳에 옮겨졌을 때 나름의 독특한 유전적 구성에 이로운 서식지에서 자리를 잡게 된다. 그런 씨앗들은 처음에는 어버이 식물과 '같은' 종이지만 시간이 흘러 새로운 환경에 적응하면서 '유사한' 종이 된다. 이 유사종은 어버이종과 유연관계(이를테면 비슷하게 배열된 DNA 가닥을 가진)가 있음을 분명히 드러내지만 격리된 후에는 결국 뚜렷이 구분되는 종으로 분화된다. 그 결과 원래의 종과 교배하여 생식능력 있는 교배종을 만들어내는 것이 불가능해진다.

더글러스퍼 숲의 주민들

우리의 더글러스퍼는 이제 노령림의 일부가 되었다. 다 자란 더글러스퍼의 숲은 그보다 어린 나이의 숲과는 여러 면에서 다르다. 노령림은 나이가 비슷한 나무들과 고사목**snag**(죽은 채 서 있는 나무줄기로, 껍질이나 가지가 없거나 속이 비어 있다)으로 이루어져 있다. 이 숲에는 수백 년을 산 더글러스퍼들이 압도적으로 많지만 숲 바닥에는 뒤를 이을 다른 종들이 있다. 이들은 숲 바닥을 언제나 그늘지고 축축하게 만들어주는 역할을 한다. 드물게 거대한 나무가 쓰러지면서 생기는 빈터에서는 키 작은 활엽수들과 관목들(덩굴단풍나무, 연어딸기**salmonberry**, 허클베리**huckleberry**)이 층을 이루어 익숙치 않은 빛을 활용한다. 숲 바닥을 차지하고 있는 양치류 사이사이에는 떨어진 나뭇가지들과 거대한 줄기들이 여러 단계에 걸쳐 썩어가고 있다. 날다람쥐들은 고사목 속에 살면서 텅 빈 나무 속을 똥으로 채운다. 새들의 주도권도 바뀐다. 50년에서 100년 정도 된 숲이면 스웨인슨지빠귀, 타운센드솔새Townsend's warbler, 윌슨솔새처럼 낮은 가지에 둥지를 트는 종들이 우세하지만 250년이 넘은 숲에서는 북미서부솔딱새Western flycatcher, 갈색나무발발이Brown creeper, 북방박새Boreal chickadee 외에 기타 다양한 지빠귀 등 나무 구멍 속이나 헐거운 나무껍질 안에 사는 새들이 주종을 이룬다. 이런 새들은 모두 식충동물이기 때문에 어떤 곤충 종이 번성하느냐, 못 하느냐를 결정하는 데 핵심적인 역할을 한다.

우리의 더글러스퍼가 있는 숲에서는 잎을 갉아먹는 곤충 140개 종이 대체로 침엽수만을 먹고 산다. 그 가운데 51개 종은 더글러스퍼만 먹는다. 여기에는 더글러스퍼 딱정벌레, 더글러스퍼 독나방Tussock moth, 발삼퍼잎벌Balsam fir sawfly, 초록줄무늬숲자벌레Greenstriped forest looper, 유령솔송나무자벌레Phantom hemlock looper, 북미서부검은머리새순벌레Western blackheaded budworm 같은 것들이 있다. 모든 나무에서 잎을 갉아먹는 곤충들은 잎뿐 아니라 새순도 갉아먹는데 이 새순은 놔두면 잎이나 가지, 구과가 되는 부분이다. 더글러스퍼를 찾아온 유령솔

더글러스퍼의 널따란 밑둥치와 고사목들 덕분에
늑대는 안심하고 눈을 붙일 수 있다.

송나무자벌레는 10월이 되면 몇몇 잎의 밑면에 알을 낳는다. 이듬해 5월 말이면 애벌레가 나오자마자 잎을 마구 갉아먹기 시작하여 8월 중순에 번데기가 될 때까지 멈추지 않는다. 9월이면 성충이 나와서 짝짓기를 하고 알을 낳으면서 지금까지의 순환이 반복된다. 그래서 이 자벌레의 침입을 방치하면 다 자란 더글러스퍼 하나가 몇 년 만에 죽어버릴 수 있다. 우리의 더글러스퍼는 다행스럽게도 이 곤충의 애벌레들이 여러 종류의 새에게 잡아먹혔다. 그 고마운 새들은 여러 종류의 솔새와 지빠귀, 참새, 검은눈머리방울새, 북미서부솔딱새, 비단풍금조Western tanager, 솔양진이새Pine grosbeak, 애기여새Cedar waxwing다.

나무가 도움을 얻는 외부의 존재 중 일부는 의외다. 이를테면 목수개미는 대체로 나무를 해치는 것으로 알려져 있으나 그들이 주로 피해를 주는 것은 이미 쓰러진 나무나 썩기 시작한 나무다. 특정 종은 잎을 갉아먹는 곤충들의 알이나 애벌레, 번데기를 잡아먹어서 나무에 실질적인 도움을 주기도 한다. 왜냐하면 개미들이 1년 중에 상당 기간을 건강한 나무에 의존하기 때문이다. 목수개미들은 숲 바닥에 쓰러져서 썩어가는 나무줄기의 부드러운 부분에 상당한 군락을 형성하긴 하지만, 많은 시간을 살아 있는 나무 윗부분에서 먹이를 찾아다니면서 보낸다. 그들은 곤충을 잡아먹는 것 말고도 진딧물 농장을 돌보기도 한다. 목수개미의 식단 가운데 상당 부분은 허니듀honeydew, 즉 진딧물의 항문에서 분비되는 여분의 당분과 배설물이다. 그들은 가을이면 진딧물의 알을 모아다가 겨울에 자기네 군락에 저장한다. 봄이 되면 그 알들을 식물에 내다놓고 부화하도록 두었다가 진딧물이 알에서 깨어나면 여름 내내 돌봐주고 먹이를 준다. 심지어 포식자들의 공격으로부터 진딧물을 지켜주기도 한다.

중남미에 사는 목수개미종은 식물과의 공생관계를 더욱 발전시켜서 우림의 윗부분에 정원을 만든다. 이는 풀을 씹어 만든 단단하고 속 빈 공에 흙을 메워 나뭇가지들이 서로 갈라지는 부분에 고정시켜 놓은 것이다. 개미들은 이 둥우리 안에 자기네가 즐겨 먹는 식물(브로멜리아드, 무화과, 후추)의 씨앗을 넣어두는데 후에 싹이 터서 이 정원 안에서 자란다. 이렇게 가꾸어진 식물들 가운데 일부는 개미의 정원에서가 아니면 발견되지 않는 것들인데, 이는 이 개미들이 그런 식물들의 씨앗을 전부 모아다가 해를 거듭하여 계속 다시 뿌렸다는 뜻이다.

더글러스퍼 숲에 사는 목수개미는 식물과 다른 곤충이나 새, 포유류를 이어주는 방대하고 정교한 생태적 그물망 역할을 한다. 이 개미들은 숲의 토양을 만드는 주요 공로자다. 지렁이를 대신하여 엄청난 양의 흙을 땅 위로 옮기고, 나무의 섬유질과 낙엽들을 쪼개어 부식토로 만든 다음 광질토양과 섞어주고, 그 흙에 공기가 잘 통하도록 해주며 또 물이 잘 빠지도록 만든다. 뿐만 아니라 그들은 여러 식물의 씨앗을 퍼뜨리는 데도 참여한다. 잎벌**sawfly**과 독나방**tussock moth** 애벌레를 잡아먹기도 한다(1990년에 발표된 한 연구에 따르면 워싱턴과 오리건의 숲에서 잎벌의 번데기가 줄어든 원인의 85퍼센트가 개미의 활동 때문이었다고 한다). 숲 바닥에서 썩어가는 거의 모든 나무에는 나름의 목수개미 군락이 있다. 그중에는 일꾼들의 수가 1천이나 되는 군락도 있다. 그러니 목수개미는 숲 전체 바이오매스의 상당 부분을 차지하고 있는 셈이다. 개미 전문가이기도 한 에드워드 오즈번 윌슨은 “인류가 멸종하면 우리의 겨드랑이나 사타구니, 배 속에 의존하고 있는 얼마 되지 않는 종들만 사라지게 할 뿐이지만 개미가 멸종되면 생태계 전체가 붕괴할 것”이라고 경고했다. 개미는 쇠부리딱따구리**Northern flicker**의 주식이며, 6월 중순에서 7월 말까지는 회색곰의 주요 영양식이 되기도 한다.

곰은 앉은부채**skunk cabbage**나 쐐기풀에서 산양에 이르기까지 못 먹는 게 없는 잡식성이다. 따라서 서식 영역이 상당히 넓고 한때는 북미 전역에 다 퍼져 있기도 했다. 회색곰 한 마리에 필요한 영역은 방대하지만 인간이 곰의 서식지를 점점 더 좁히고 있다. 그래서 오늘날 대부분의 회색곰은 산악지대에서 발견된다. 그러나 그들은 원래 평원에 살면서도 북미 동부 해안, 그리고 남쪽으로 텍사스 및 멕시코에 이르기까지 곳곳에서 들소를 잡아먹으며 살았다. 그런 회색곰의 두개골이 퀘벡 지방과 래브라도 북부에서 발견되기도 한다.

회색곰의 조상은 마지막 빙하시대가 절정을 이루기 전에 이주하던 순록과 들소의 무리를 따라 베링해 유역의 육교를 건너왔던 게 틀림없다. 알래스카 연안 부근에 있는 프린스오브웨일스섬의 동굴에서 발견된 회색곰의 뼈는 3만 5,000년 전의 것으로 추정된다. 태평양 연안에 살았던 사람이라면 누구나 곰에 관한 나름의 생각이나 무시무시한 경험담을 가지고 있다. 워낙 커서 산 위로 기어올라오면 강의 진로가 바뀔 정도로 엄청난 양의 흙을 옮기곤 하는 곰 이야기가 있다. 또 사람으로 변한 곰, 섬이 된 곰의 이야기도 있다. 북쪽에서부터 뒤꿈치로 걸어서 온 곰이 남긴 발자국은 섬뜩할 정도로 사람 발자국을 닮았다고도 한다. 1811년에 아사바스카강을 따라 카누를 타고 가던 캐나다 지리학자 데이비드 톰슨Daivd Thompson은 곰 발자국을 보고는 매머드의 것인 줄 알았다. 그가 데리고 간 원주민 가이드들이 산의 야생 인간이란 뜻으로 부른 '사스콰치Sasquatch'를 매머드라고 번역해 기록한 것이다.

우리의 더글러스퍼가 뿌린 씨앗이 숲 바닥에 사뿐히 내려앉을 무렵, 한 암컷 회색곰이 지난 사흘 동안 목수개미를 찾느라 우리 나무의 밑둥치 부근에서 썩어가던 나무를 거의 가루로 만들고 있었다. 그러다 갑자기 산 위의 풀밭을 향해 달려가더니 블루베리를 실컷 먹기 시작한다. 노령림에서 그토록 오래 살아온 덩치 큰 동물은 그리 많은 편이 아니다. 큰 나무들이 쓰러지거나 가지가 널려 있는 숲 바닥은 다니기에 힘들고 또 어둡고 습해서 초식동물들이 먹이를 구하기에 그리 좋은 곳이 아니다. 검은꼬리사슴이나 와피티사슴Wapiti은 더 높은 곳에 있는 풀밭을 좋아하며, 그 때문에 회색곰도 그곳을 좋아한다. 하지만 여름 동안에는 이 덩치 큰 곰들이 주로 식물에 의존하여, 양치류나 개울가에 자라는 털 많은 카우파스닙Cow parsnip을 찾아 서늘한 숲으로 과감히 들어온다. 하지만 그들은 사슴처럼 되새김질할 수 있는 소화관을 가지고 있지 않아서 먹이를 두 번 소화시킬 수 없기 때문에 건강을 유지하려면 하루에 식물을 45킬로그램이나 먹어야 한다. 그 정도면 작은 암컷 체중의 3분의 1에 해당하는 무게다. 그래서 암컷은 단백질을 보충하기 위해 가능하면 생쥐, 들쥐, 더글러스다람쥐에 의존한다.

8월 말부터 11월까지 연어가 태어난 강으로 회귀를 할 때면 암컷 곰은 어부가 된다. 연어과에 속하는 물고기는 소하성**anadromous** 어류로, 자라서는 바다에서 지내다가 해마다 알을 낳기 위해 민물 개울로 되돌아온다. 북위 40도 이북의 연안에 있는 연어과 어류의 종류는 모두 9,600종이나 되며, 종별로 수억 마리나 되는 개체들이 태평양으로 흘러드는 강물과 개울로 올라오기 위해 사투를 벌인다. 연어가 본래 난 곳으로 회귀를 하면 숲의 군락 전체가 포식을 한다. 만이나 강어귀에서 그들을 실컷 잡아먹는 바다표범이나 범고래에서부터 그들이 알을 낳는 자갈밭까지 오르는 개울 양쪽에 진을 치고 있는 조류와 포유류에 이르기까지 연어와 연어알, 새끼연어는 사람을 포함해 무수히 많은 다른 동물을 먹여 살린다.

우리의 더글러스퍼 곁으로 흐르는 개울에서 알을 낳고 있는 분홍연어는 노령림에 특히 잘 적응되어 있다. 이곳은 짙은 녹음이 직사광선을 가려주며 수온을 낮게 유지시켜주기 때문이다. 썩어가는 식물은 알에서 막 깨

더글러스퍼 숲의 오랜 주민인 회색곰이
물살을 거슬러 올라오는 연어를 잡는다.

어난 새끼연어의 먹이가 되는 박테리아, 진균류, 무척추 동물이 많이 자라도록 해준다. 물속에 쓰러져 있는 통나무와 가지는 물의 흐름을 약간 방해(덕분에 물이 숨을 쉬는 데 도움도 된다)할 뿐 아니라 산란을 위한 매끈한 조약돌무지를 만들어주기도 한다. 숲에 있는 나무들의 뿌리가 흙을 꽉 붙잡아주기 때문에 침식이 일어나 깨끗한 자갈밭을 메워버리는 경우가 없다. 연어는 숲이 필요하다. 숲이 한꺼번에 베여 나가는 순간, 연어의 수는 아래로 곤두박질친다.

광물질은 풍부하지만 질소분이 부족한 토양을 가진 온대우림인 연안에 있는 더글러스퍼 숲은 질소분이 부족해서 식물의 생장을 제한한다. 그런데 그 속에 자라는 나무들은 열대우림의 나무들과 마찬가지로 키가 엄청나게 자라고 몸통이 어마어마하게 굵어진다. 질소는 여러 원천에서 비롯되는데, 주로 박테리아나 식물을 통해 흙에 고정된 뒤 공기를 통해서 오거나 나무에서 자라는 이끼류에서 온다. 하지만 더글러스퍼 숲은 고정된 질소분의 상당량을 바다에서 얻는다. 육지에서 비롯되는 질소의 동위원소는 ^{14}N이다. 바다의 경우, 더 무거운 질소질인 ^{15}N이 훨씬 더 흔하다. 캐나다 생태학자 톰 림첸**Tom Reimchen**은 연어와 바다의 질소 동위원소가 모두 바다에서 숲으로 여행을 하는 운명을 지닌 것으로 보고 추적을 해보았다. 왕연어, 은연어, 홍연어, 참연어, 분홍연어까지 다섯 종류의 연어는 자신들이 태어난 강을 떠나 바다에서 2~5년 동안 살면서 먹고 자라는데 이때 체내 조직에 ^{15}N을 계속해서 축적한다. 이들은 알을 낳기 위해 민물로 돌아오자마자 큰까마귀, 대머리독수리, 곰, 늑대, 기타 곤충이나 양서류 같은 동물들에게 잡아먹히고, 이 포식자들이 전부 숲 일대에 질소분이 풍부한 거름을 배설한다는 것이다. 곰은 대부분 밤에 먹이를 먹는데 이 외로운 동물은 강가에서 연어를 200미터나 가지고 올라와서 혼자 먹는다. 곰은 제일 좋은 부위, 즉 뇌와 배만 먹기 좋아하며 다 먹은 다음에 또 한 마리를 잡으러 강으로 간다. 곰은 한철에 연어 600~700마리를 잡아먹고 사체를 온 숲에 던져놓으며 곳곳에 똥과 오줌을 눈다. 조류와 다른 동물들은 ^{15}N을 더 멀리 퍼뜨린다. 림츤은 개울가와 강가에 있는 식물에 ^{15}N이 풍부하다는 사실을 발견하여 나무의 나이테에 있는 ^{15}N의 양과 그해 회귀한 연어의 규모 사이에 상관관계가 있다는 사실을 입증했다. 연어는 개울가와 강둑을 따라 올라가면서 숲이 해마다 얻는 질소 가운데 가장 많은 양을 공급해주는 것이다.

딱정벌레와 민달팽이는 곰이 먹다 던져놓은 연어의

사체를 먹어치운다. 기생파리Tachinid, 쉬파리Sarcophagid, 검정파리Blowfly는 썩어가는 연어의 사체에 알을 낳는다. 그러면 며칠 안에 사체에 남아 있는 살은 꿈틀거리는 구더기로 뒤덮인다. 다 자란 애벌레는 숲 바닥으로 떨어져서 굴을 파고 들어간 다음 겨울 동안 번데기 상태로 지낸다. 봄이 되면 북방의 새들이 이주해 오는 때에 딱 맞추어 수십억 마리의 파리가 번데기에서 나온다. 새들은 ^{15}N이 풍부한 파리를 잔뜩 집어먹는다. 쇠똥구리는 곰과 늑대의 똥을 숲 바닥에 수북이 쌓인 낙엽 더미 속에 묻는다. 많은 연어가 알을 낳은 다음에 죽어서 강바닥으로 가라앉기도 하는데, 금세 그 위로 진균류와 박테리아가 잔뜩 뒤덮는다. 그러면 이들을 또 물속에 사는 곤충, 물벼룩, 기타 무척추동물 등이 먹어치운다. 자갈밭에서 새끼 연어가 나올 때 물은 부모에게서 ^{15}N을 풍부하게 물려받은 식용의 유기물로 가득 차게 된다.

림촌의 연구는 숲과 어류가 서로의 존재를 필요로 한다는 사실을, 그들이 공기와 바다, 심지어 반구를 하나의 독자적인 체계로 이어준다는 사실을 힘 있게 증명해준다.

숲머리에서는 무슨 일이 벌어질까

연어 회귀의 현장보다 한참이나 더 높은 곳에 있는 울창한 숲머리로 올라가보자. 대지 상층이라 부를 만한 숲 바닥으로부터 60미터의 높이에서 개미와 일군의 다른 유기체들이 뜬구름 위의 빼꾸기나라cloud-cuckoo-land 같은 곳을 점거하고 있다. 2천만 개의 더글러스퍼 바늘잎 가운데 3분의 1은 해마다 땅에 떨어지지만 상당수의 잎이 나무의 널따란 윗가지에 머물러 있는다. 이렇게 떨어진 바늘잎들은 여러 해에 걸쳐 상당한 규모(30센티미터나 되는 두께에 거의 수백 제곱미터의 면적을 뒤덮을 정도)의 거적을 숲 바닥에 형성한다. 그러고는 식물성 물질을 흙으로 부지런히 바꿔주는 여러 유기체에 점거당한다. 하지만 숲 바닥과는 달리 숲머리의 낙엽들은 햇볕과 비에 노출된다. 그리하여 숲머리의 썩어가는 낙엽 거적은 영양 풍부한 흙이 되어 땅으로부터 완전히 독립적인 식물과 척추동물, 진균류, 곤충으로 이루어진 군락을 품어준다. 하나의 독자적인, 최근까지만 해도 생각지도 못했던 생태계가 된 것이다.

이 용감한 신세계의 한가운데에 절지동물문이 있다. 주로 흙에서 사는 절지동물문에는 사람들이 주로 벌레(거미, 진드기, 노래기, 곤충 등)라 부르는 것들이 전부 포함된다. 곤충은 다리 세 쌍을 가지고 있으며, 하나당 한 쌍의 다리가 달린 체절을 여럿 가진 생물에서 진화했다. 오랜 세월에 걸쳐 앞다리를 이루던 쌍들은 턱과 더듬이를 만들어나가는 쪽으로 적응을 했다(노랑초파리[*Drosophila melanogaster*]는 더듬이를 머리에서 돋아난 다리로 다시 되돌리는 돌연변이를 일으켜 이 종의 기원을 알려준다). 절지동물에는 수백만 종이 있는데, 최근 한 연구에 따르면 그 가운데 6천 종(그중에 적어도 300종은 학계에 알려지지 않았던 종이다)이 더글러스퍼 숲의 숲머리 층에서 발견된다고 한다. 아마존 우림지대 밖에서는 찾아볼 수 없던 다양성의 보고라 할 수 있다. 조그만 갑충진드기**beetle mite**인 덴드로제테스**Dendrozetes**와 같은 일부 종은 북미와 남미의 다른 곳에서는 전혀 알려지지 않았다. 그 밖의 다른 종은 지구상의 다른 곳에서는 전혀 발견되지 않았다. 각 나무는 나름의 곤충 군락을 부양해준다. 그것은 소위 길드라고 하는 것들을 전부 포함하는, 대단히 다양한 야생생물 집단을 말한다. 그러한 길드에는 포식자, 피식자, 기생충, 청소곤충 그리고 심지어 땅에서 살면서 그냥 지나가기만 하는 개미 같은 '관광객' 개체까지 포함되어 있다. 열대우림과 같은 곳에서는 모든 종이 나무 한 그루의 거적 하나에만 살고 있는 경우도 있다. 그런 나무가 쓰러질 때면 수십 종의 절지동물이 함께 떨어질 수 있는 것이다.

흙은 육상의 바다다. 흙과 바다는 모두 광합성을 하는 생물의 요람이며, 둘 다 절지동물들이 우세하게 분포하는 곳이다. 바다의 절지동물은 게와 새우, 가재 같은 갑각류다. 흙에서 절지동물이 사는 곳은 거미, 진드기, 딱정벌레, 톡토기가 메운다. 숲머리의 거적에서는 거미가 주된 포식자다. 어떤 것들은 겨우 20밀리미터밖에 되지 않는데도 단백질로 짠 그물을 복잡하게 쳐놓고 파리, 나방 그리고 거적에 사는 72종의 오리바티드진드기**oribatid mite**가 걸려들게 만든다. 숲 군락에서 진드기가 하는 주된 역할은 식물성 물질을 분해하여 부식토로 만드는 일이다. 비록 개체수가 좀 더 적긴 하지만 역시 흙에 사는 것으로 톡토기가 있다. 톡토기는 톡토기목에 속하는 생물이다. 진드기와 톡토기는 온갖 종류의 흙 속으로 다 파고든다. 탁 트인 초원에 있는 2세제곱센티미터 부피의 흙 속에는 대개 진드기와 톡토기가 50마리 정도 살고 있다. 낙엽이 두텁게 깔린 숲에는 습기도 많고 빈터도 많아서 두 배는 더 많을 수도 있다. 트인 들판을 더 많이 닮은 숲머리 거적의 밀도는 초원의 그것에 더 가깝다.

다리가 네 쌍인 진드기는 거미류에 속하는가 하면, 다리가 여섯 개뿐이고 한 쌍의 더듬이가 있는 톡토기는 거미보다는 곤충에 더 가깝다. 1873년에 톡토기를 처음 기술한 사람은 다윈의 이웃이자 한때 동료였던 존 러벅John Lubbock 경이었다. 그는 톡토기의 주된 이동 방식을 보고 경탄했다. "배 밑부분에 있는 갈라진 기관이 몸의 뒤쪽 끝 부분에서 시작하여 거의 가슴 부분이 닿도록 앞으로 뻗는다." 톡토기는 놀라게 되면 이 대단한 기관을 뻗어 공중으로 뛰어오르는데 그 높이가 15센티미터에 이른다. 비유하자면 이는 인간이 단 한 번 도약해서 미식축구 경기장 여섯 개를 쌓은 높이만큼 뛰어오른 것이나 마찬가지다. 러벅은 톡토기를 곤충으로 분류했는데 단지 다리가 여섯 개라는 이유 때문이었다. 그러면서 그는 미래의 곤충학자들이 틀림없이 톡토기가 다른 무엇임을 알아낼 것이라고 덧붙였다. 실제로 미국 자연학자 하워드 엔자인 에반스Howard Ensign Evans는 스프링보드를 뛰어오르듯 도약하는 톡토기의 운동 방식을 보고 "그들은 다리가 여섯이면서도 별도의 독자성을 가진 실험적 사례를 보여주는 듯하다."라고 인정했다. 그들의 배는 진짜 곤충처럼 열한 개가 아니라 여섯 개의 체절로 나누어져 있으며, 곤충강Insecta과 관련 있는 신체 내부 특정 부위가 없다. 하지만 도롱뇽들은 그들이 무엇이든 개의치 않고 잡아먹는다. 숲머리에서는 톡토기도 진드기나 거미와 마찬가지로 더 큰 거미의 둥그런 그물에 걸려들거나 붉은가슴동고비Red-breasted nuthatch에게 잡아먹힐 뿐이다.

비와 햇빛, 새와 설치류, 곤충의 똥, 뱀의 허물, 싱싱한 식물성 물질, 발효된 부식토는 기름진 흙을 만들어준다. 흙이 얼마나 기름졌는지 더글러스퍼 나무들은 가지에서 추가로 뿌리를 뻗어 양분을 더 빨아들이려 한다. 석탄기 동안 뿌리줄기를 가진 양치류가 나무로 바뀌어가고 있을 때, 뿌리는 땅에 드리워진 가지에 돋아난 새순의 모습으로 시작되었다. 이 새순은 공중으로 솟아오르기보다는 땅속으로 내리뻗었던 것이다. 숲머리의 거적에서는 그 밑에 묻혀 있던 정단 분열조직이 가지 대신 뿌리로 발전한다. 이 뿌리는 땅속의 뿌리가 하는 일과 똑같은 일을 수행한다. 즉 공중에 있는 흙에서 물기와 광물질을 빨아들이고, 버팀대 역할을 하여 거적이 안정되도록 돕는 것이다. 아마 우연의 일치는 아니겠지만, 땅 위 높은 곳에 솟아 있는 흙 속의 이 새로운 뿌리는 땅의 흙이 질소를 다 잃는 바로 그 무렵에 활동을 시작한다. 땅속의 질소는 오래전에 사라져버린 붉은오리나무의 박테리아가 수백 년 전에 고정해놓았던 것이었다.

이번에 생겨난 질소는 지의류lichen에서 온 것이다. 노경림에서는 더글러스퍼 가지의 윗부분이 공기에 노출되면 그 부분은 황록색의 지의류로 두텁게 뒤덮인다(햇빛을 덜 받는 아랫부분의 가지는 대개 우산이끼로 덮인다). 숲머리에서 지의류와 나무의 관계는 땅속의 균근균 네트워크가 공중에서 이루어지는 것과 같다. 두 관계 모두 거의 같은 기능을 하며, 거의 같은 물질로 이뤄져 있다.

지의류는 일반적인 의미의 식물이 아니다. 지의류는 식물과 관련 있는 두 유기체, 즉 진균류와 조류alga의 합성물이다. 지의류는 조류 하나를 감싸고 있는 진균류인데, 둘은 하나의 개체를 이루어 함께 기능한다. 따라서 지의류는 일종의 살아 있는 화석식물이라 할 수 있다. 원시바다에서 생겨났고, 광합성을 하여 대기에 산소를 채워주었으며, 나중에는 땅으로 기어올라와 관다발식물vascular plant이 되었던 식물과 직접적으로 연결된 것이다. 지의류는 조류가 땅에서의 생활에 적응하기 위해 택한 다른 방편이기도 하다. 약 37개의 속이 약 13개의 자낭균Ascomycetes목과 공생관계를 맺는 것이다. 진균류는 뿌리를 갖고 있어서 물기를 빨아들이며, 조류는 해당 유기체의 두 부분 모두에 양분을 공급해주며 광합성을 한다. 각 부분은 상대방과 결합하여 하나의 유기체가 되며, 기능과 산물을 서로 나눈다. 이러한 공생관계는 너무나 성공적이어서 현재 전 세계에 약 1만 4,000종의 지의류가 존재한다. 이들은 남극에서 열대지방에 이르는 아주 다양한 서식지에, 연안 우림지대에서 고산 초원지대에 이르는 다양한 기후에 그리고 바위에서 목재 건물이나 곤충의 등에 이르는 온갖 지면에서 고루 자란다.

지의류는 공생에 관한 매력적인 교훈을 준다. 지의류가 되기 위해서는 진균류 한 종이 균사로 조류를 감싸야 한다. 그들은 균사의 끝부분으로 조류의 세포벽을 세게 누르면서 흡기haustorium를 세포 속으로 밀어넣는다. 조류는 광합성을 통해 당을 만들어내고, 진균류는 그런 당분의 일부를 빨아들이며(조류의 세포가 살 수 있을 정도의 당분은 남겨둔다) 세포 속으로 수분을 넣어주기도 한다. 진균류는 조류에게 그늘을 드리워주어서 햇빛을 너무 많이 받지 않도록 보호해주며, 동시에 광합성을 하기에 더 유리한 표면적을 제공해준다. 지금까지는 모두 공생관계만 언급했다. 그러나 경우에 따라서는 진균류가 당을 너무 많이 빨아들여서 조류의 세포가 죽기도 한다. 이런 지의류가 겨우 살 수 있는 것은 진균류가 조류의 세포를 죽이는 것보다 조류가 세포를 만들어내는 것이 더 빠르기 때문이다. 이는 엄밀히 말해서 서로 도움이 되는 관계가 아니며, 좀 더 정확하게 말해서 '통제된 기생관계'라고 해야 할 것이다.

더글러스퍼의 숲머리와 연관 있는 지의류는 양상추지의류lettuce lichen라는 지치과lungwort 식물이다. 영어로 이름에 '폐lung'라는 단어가 붙은 이유는 지의류의 조직이 폐의 내부와 닮았기 때문이며 이 식물이 폐결핵이나 천식 같은 호흡기 질환의 치료약으로 종종 쓰여서다. 더글러스퍼 노령림의 1헥타르에서 양상추지의류 1톤이 살아갈 수 있으며, 이 지의류는 자기 세력권 안에 녹조류와 남조류를 붙들어둔다. 지의류는 조그만 흡착기관으로 나무껍질에 달라붙어 있으면서 나뭇가지와 줄기를 타고 흐르는 빗물을 낚아챈 뒤 그 속의 질소를 뽑아내고 남은 물은 계속해서 땅으로 흐르도록 놔둔다. 지의류는 죽을 때 나무에서 떨어져서 숲머리 거적이나 땅 위에 쌓이는데, 어떤 경우든 축적한 질소를 흙에 내어준다. 그러니 지의류는 붉은오리나무 대신에 질소를 고정해주는 역할을 하는 것이다. 해마다 지의류가 숲 1헥타르에 공급해주는 질소의 양이 4킬로그램이나 된다. 이는 숲이 섭취해야 하는 질소의 80퍼센트에 달하는 양이다. 또 지의류는 더글러스퍼 숲 군락을 이루는 수많은 유기체의 살아있는 사슬에서 핵심적인 연결고리 역할을 한다.

우리의 더글러스퍼는 이제 키가 80미터나 되도록 자랐다. 맨 아래에 있는 가지들이 약 40미터 되는 높이에 있다. 그 가지들의 밑동 굵기는 40센티미터나 되어 다 자란 나무들로 이루어진 숲 윗부분에서 우리 나무가 널따란 원뿔 모양을 하고 돋보이게 해준다. 노령림의 일원이 된 지도 어느덧 300년이 되었다. 그 시간 동안 가뭄과 홍수를 견뎌냈고, 곤충들의 무자비한 공격을 겪었으며, 폭풍에 시달리기도 했다. 겨울은 예전보다 더 추워졌다. 우리 나무의 머리에 있는 거적은 몇 톤은 될 법한 젖은 눈을 지탱해낸다. 그런데 해마다 눈의 무게가 가지들을 점점 더 짓누르는 듯하다. 뿌리는 완연한 봄이 될 때까지 계속 차갑고 젖은 채로 남아 있다. 가지 한두 개는 부러져버렸고, 나무줄기에 난 큰 구멍은 점점 부드러워지면서 진균류와 곤충이 파고들기 좋은 상태가 된다. 나무는 그 침입자들을 물리적으로 물리칠 수 없다. 다만 감염된 부위를 막고 양분이 흐르는 길을 다른 곳으로 돌린 다음, 입구를 봉쇄하는 수밖에. 침입이 발생해도 일단 한동안은 버틸 수 있다. 그러나 사태를 역전시킬 순 없다. 우리의 더글러스퍼는 이제 '죽음'이라는 또 다른 씨앗을 품은 것이다.

{5장}
죽음

DEATH

이 고독한 나무! 살아 있는 존재여,
더디 자라 차마 썩지도 못하는.
용모가 대단히 수려해
차마 파괴할 수 없네.

— 윌리엄 워즈워스William Wordsworth, 「주목Yew Trees」

나무는 지구상에서 가장 오래된 생명체다. 좀 더 남쪽에서 자라는 캘리포니아삼나무나 자이언트세쿼이어 같은 일부 침엽수들은 3천 년까지 살기도 한다(1880년에 존 뮤어는 어느 자이언트세쿼이어 그루터기의 나이테를 세어보니 4천 살이라고 주장했다). 북미에서 가장 오래된 나무는 캘리포니아 인요국립공원의 '므두셀라**Methuselah**'[1]로 알려진 브리슬콘소나무**Bristlecone pine**다. 이 나무는 나이가

1 성서에 나오는 인물 중 최고령으로 969년을 살았다 하며, 노아의 할아버지다.

4,600살 정도 된다. 1958년에 애리조나대학의 한 식물학자는 같은 숲에서 수령 4천 년이 넘는 나무를 17그루 발견했다. 멕시코 차풀테펙에 있는 사이프러스Cypress는 수령이 6천 년이 넘었다 한다. 일본의 야쿠섬에 있는 삼나무[*Cryptomeria japonica*]는 탄소연대측정 결과 수령이 7,200년이라고 한다. 나이테가 생기지 않는 열대의 나무들은 연대를 측정하기가 더 어렵긴 하지만 카나리아제도에 있는 용혈수Dragon tree는 수령이 1만 년이 넘는다고 하고, 과장이라는 사람도 있지만 오스트레일리아의 소철류 가운데는 수령이 1만 4천 년이 넘는 것들도 있다고 한다.

이 정도로 장수할 수 있다는데 550살이 된 우리 더글러스퍼는 벌써 늙은 티를 보인다. 자신도 좀 쑥스러운 모양이다. 하지만 우리 나무는 더 오래 산 다른 나무들에 비해 별로 보호받지 못한 삶을 살았다. 에너지를 엄청나게 소모해야만 하는 차갑고 습한 기후에서 살아와야만 했기 때문이다. 해마다 줄기가 점점 더 굵어지고 수관과 가지가 커지고 길어질수록 더더욱 많은 생장물을 만들어내려 애썼다. 식물학에서 이런 현상을 레드퀸증후군Red Queen syndrome이라 부른다. 이는 나무가 같은 장소에 계속 버티기 위해서는 더 빨리 달려야만 하는 현상을 말한다. 말하자면 해가 지날수록 머리 위 점점 더 높은 곳에 난 어린가지까지 물을 끌어올려야 한다. 또 봄이면 침입해 들어오는 곤충들에게 점점 더 많은 생장물을 새로 제공해야 하고, 겨울이면 새나 개미, 나무를 썩게 만드는 진균류가 파고드는 입구가 되지 않도록 치료해야 할 상처가 점점 더 늘어난다. 가만히 내버려두면 우리 나무는 영원토록 자랄 테지만 숲에 있는 그 어떤 존재도 혼자가 되는 일이 없다.

공격해 들어오는 곤충 외에도, 더글러스퍼는 다른 식물에서 비롯되는 31가지 종류의 공격에도 쉽게 당한다. 대부분 진균류로 생기는 질병으로, 갈색섬유질줄기썩음병**brown stringy trunk rot**이나 더글러스퍼 바늘잎마름병**Douglas-fir needle blight** 같은 이름이 붙은 것들이다. 이런 병들은 결코 가볍게 취급할 수 없다. 균근균과 마찬가지로 병원성 진균류는 종종 단 하나의 숙주만을 집중적으로 공략한다. 극단적인 경우에는 지구상에 있는 해당 종의 개체를 사실상 모두 쓸어버릴 수도 있다. 한때 북미 도시 풍경의 상징이던 아메리카느릅나무**American elm**도 딱정벌레에서 비롯된 진균류의 공격에 전부 쓰러지고 말았다. 북미 동부의 활엽수림 중에 가장 인기 좋고 풍부했던 아메리카단밤나무**American sweet chestnut**도 또 하나의 의미심장한 사례다. 이 나무는 메인에서 앨라배마에 이르기까지 4미터의 굵기에 키 40미터까지 자라던 나무였다. 가을에 스푸트니크호를 닮은 갈색 밤송이에 싸인 맛 좋은 열매가 떨어지면 사람들은 겨우내 저장해두고 먹었다. 1852년 12월에 소로가 쓴 일기를 보면 "자연이 나에게 베풀어주는 관대함을 맛보는 차원이라면 나는 그것들 모으는 것이 너무 좋다."라고 이 밤송이를 찬양한다. 군밤은 동부사람들이 겨울에 즐겨먹는 특산물이었다. 소로는 일기에 이렇게 덧붙였다. "온 뉴욕이 밤 줍느라 난리다. (…) 이 밤은 다람쥐만을 위한 것이 아니라 마부나 신문배달 소년을 위한 것이기도 하다." 그런데 19세기 말미에 개량한 밤나무 묘목들이 아시아에서 수입되었다. 이 묘목은 줄기썩음병을 일으키는 진균류[*Cryphonectria parasitica*]를 품고 있었다. 이 밤나무 수입종의 진균류는 토착종에게 치명적인 영향을 끼쳤고, 단 50년 만에 아메리카단밤나무는 단 한 그루도 남아 있지 않게 되었다.

북미 서해안에서는 뿌리썩음병이 여러 진균류를 따라 숲으로 들어왔다. 예를 들어 엽은판뿌리썩음병 **laminated root rot**은 펠리누스 웨이리[*Phellinus weirii*]라는 진균류 때문에 발생하는 것으로, 더글러스퍼에게 특히 지독한 병이다. 이 진균류는 그랜드전나무, 태평양은색전나무Pacific silver fir, 아고산대전나무subalpine fir, 산악솔송나무mountain hemlock를 감염시키기도 한다. 이 진균류는 뿌리를 통해 건강한 나무로 침투하는데, 한 나무를 감염시킨 뒤 뿌리가 함께 얽혀서 접목이 된 상태로(균근균적 제휴관계가 아니라) 함께 자라는 다른 나무로 옮겨가기도 한다. 이 병원균은 땅에서 불과 1미터도 되지 않는 곳까지 올라가 나무의 살아 있는 부름켜를 공격하는데도 나무가 발육을 멎는 듯하며 누레지면서 감염 초기의 증상이 나무 꼭대기까지 두루 나타나게 된다. 병균이 침입한 지 1년도 되지 않아서 나무의 구과는 익지도 않은 상태에서 떨어지기 시작하는데, 이는 번식능력을 거의 잃었다는 뜻이다.

침입자들이 제대로 자리를 잡으면 나무줄기 아랫부분의 껍질이 언제나 축축하고 거무스름해지고 물에 씻겨나간 듯 보인다. 그래서 나무가 이제 더 이상 온기를 되찾거나 물기가 마를 것 같지 않아 보이는데 실제로도 그렇다. 진균류가 물관부와 체관부의 관을 다 막아버리면서 나무가 양분이나 수분을 이동시키지 못하게 만들었기 때문이다. 썩음병이 퍼져나가서 뿌리에까지 스며들 때가 되면 나무의 목질은 펄프로 변하고, 줄기 아랫부분의 나이테가 얇은 판으로 쪼개지기 시작한다. 그런 뒤 마치 굽은 이판암처럼 서로 분리된다. 그리고 얼마 못 가서 나무는 죽고 만다. 고사목이 되어 몇 년 동안은 그대로 서 있겠지만 말이다. 바늘잎이 다 떨어져버린 이 죽은 나무는 새들이 쉬면서 먹이나 포식자를 찾아 주변 영역을 살피기에 이상적인 곳이 된다. 그렇게 1천 년을 살았던 나무가 단 2~3년 만에 죽는다. 땅속에서 꽉 붙들어주는 뿌리가 힘을 다 잃을 때쯤 웬만한 바람에 쓰러져버리고 만다.

아노수스뿌리썩음병**annosus root**이나 밑동뿌리썩음병**butt root**은 헤테로바시디온 아노숨[*Heterobasidion annosum*]이란 진균류가 일으킨다. 이 진균류는 홀씨가 1년 내내 공기 중에 떠다니다가 줄기나 뿌리에 상처가 있는 나무를 공격할 수 있다. 이 진균류는 일단 나무 속에 들어가고 나면 나무의 적목질을 서서히 스펀지 같은 껍질로 둘러싸인 허연 섬유질 덩어리로 약화시킨다. 결국 줄기는 속이 비어버리게 되고, 뿌리로 이어지는 보급로가 침입자들에 차단된다. 그렇게 뿌리가 죽어버리고 나무는 쓰러진다.

나무의 가지는 라브도클리네 슈도츠게[*Rhabdocline pseudotsugae*]라는 진균류가 일으키는 더글러스퍼바늘잎마름병에 이미 감염되었을 수 있다. 이 진균류는 처음에는 새 봄에 난 바늘잎의 밑면에 아주 작은 노란 점으로 나타난다. 첫해에는 아무 일도 일어나지 않으나 겨울을 넘기면서 진균류의 홀씨가 바늘잎의 기공 속으로 아주 작은 균사를 밀어넣고는 겨우내 필요한 수액을 훔쳐내어 그 노란 점들은 짙은 적갈색으로 변해간다. 그러면서 새잎을 제외한 나무의 모든 바늘잎은 떨어지고, 예의 무시무시한 노란 점들은 새잎에도 나타나기 시작한다. 여름 막바지가 되면 그 새잎들도 모두 땅에 떨어져버리고 만다. 이제 감염된 나무는 죽은 나무가 된다.

관찰자가 보기에 가장 눈에 띄게 나무를 괴롭히는 것은 난쟁이겨우살이**dwarf mistletoe** 가운데 하나인 아르세우토비움 더글라시[*Arceuthobium douglasii*]이다. 이 겨우살이는 더글러스퍼에서만 자라는 종이다. 또 이 겨우살이는 유럽의 전통에 따르면 사람들이 크리스마스 때 그 아래에 가면 키스를 해도 좋다고 하는 그 친숙한 녹색 기생식물과 관련이 있는 1천여 종류 중 하나다. 겨우살이의 장과 열매는 새들이 아주 좋아하는 것인데, 그래서 이 식물의 씨앗은 새똥 덕분에 잘 퍼진다('미슬토우**mistletoe**'란 말은 똥을 뜻하는 그리스어 '미스트**mist**'와 잔가지를 뜻하는 고대영어 '탠**tan**'에서 유래한 것으로, 새가 잔가지 위에 똥을 누고, 일 년이 지나면 '메리 크리스마스'를 외치는 때라는 의미다). 북미 동부지역에 있는 변종인 포라덴드론 플라베센스[*Phoradendron flavescens*]는 뉴잉글랜드 지역 남부 전역에서 발견되는데, 폭 1미터 정도의 다발을 이루기도 한다(이름이 시사하듯 난쟁이겨우살이는 2~3센티미터 이상으로 잘 자라지 않는다). 이 식물은 자체의 엽록소가 없는 기생식물이다. 또 이 나무는 암수가 따로 존재하는 암수딴그루 식물이다. 봄이면 수그루가 홀씨를 내보내는데, 같은 그루에서 이 홀씨를 받아 암그루가 자란다. 가을이면 암그루가 짙은 갈색 또는 자줏빛의 장과 열매에 든 씨앗을 만들어내는데, 이것이 무르익으면 감추어진 스프링의 도움을 받아 15미터 정도 떨어진 근처의 나무로 날아갈 수가 있다. 끈끈한 과육으로 둘러싸인 씨앗은 숙주인 나무의 껍질에 들러붙어 있다가 일단 싹트고 나면, 양분을 빨아들이는 조그만 흡기를 숙주의 축축한 물관부 층에다 슬며시 밀어넣고는 양분을 빨아들이기 시작한다. 숙주에게서 훔친 수분과 양분 덕분에 흡기는 엄청나게 팽창하여 나무의 약화된 부위의 기형적인 부분을 더 크게 만든다. 여기다 바이러스가 침투하면 고리 모양의 여린 새 가지는 숙주를 더욱 약화시킨다. 종종 폭풍이 심하게 불어 어린나무가 꺾일 경우, 어린나무가 이렇게 위로 향한 겨우살이 새 가지들 위에 떨어지는 수가 있다. 이런 모습을 '마녀의 빗자루'라 부르기도 하는데 이는 남은 부분이 꼭 손잡이가 땅에 박혀 있는 빗자루 같기 때문이다.

더글러스퍼를 발견한 풀의 사람

더글러스퍼뿐 아니라 이 나무의 겨우살이(즉 더글러스퍼의 쑥부쟁이, 용담, 브로디아이아, 메밀, 양파 같은) 식물들은 모두 1825년에 데이비드 더글러스**David Douglas**가 태평양 연안으로 최초의 식물탐사를 떠났을 때 채집한 것들이다. 태평양 연안 일대의 원주민들은 그를 '풀의 사람**grass man**'이라 불렀다. 처음에는 의심을 받았지만 그는 이내 위험하지 않은 사람으로 알려졌고, 그 뒤부터는 자기 마음대로 다닐 수 있었다. 더글러스는 시력이 아주 나빠서 숲속에서 무릎을 꿇고 앉아 아무것도 아닌 것에 탄성을 지르곤 하는 모습이 자주 목격되곤 했다. 스코틀랜드 퍼스에서 1799년에 태어난 그는 청년시절의 한때를 파이프왕국의 덤펄린 부근에 사는 로버트 프레스튼 경의 정원사로 보냈는데, 이곳은 아직도 장식용 풀이 인기가 있는 곳이다. 그러다 그는 1820년에 글래스고 왕립식물원에서 윌리엄 잭슨 후커**William Jackson Hooker** 밑에서 도제 생활을 했다. 그로부터 3년 뒤, 그는 런던의 원예학회에 식물 채집자로 고용되어 세 번에 걸쳐 북미 파견을 나갔다. 두 번째였던 이 원정에서 그는 거친 바다를 헤쳐나가는 8개월간의 음산한 항해 끝에 컬럼비아강 어귀에 닿은 배에서 내렸다. 그는 이때를 회상하며 이렇게 말했다. "진실코 나는 이 순간을 내 인생에서 행복했던 한때라 부를 수 있다."

그는 자신이 들어선 광대한 숲에 대해 준비된 것이 아무것도 없었다. 그는 이 세상에서 제일 큰 나무 가운데 하나인 사탕소나무의 발견에 대해 기록했다. 쓰러진 표본 하나는 키가 75미터에 밑둥치 굵기가 17미터였다. 밑에서부터 41미터되는 부분의 굵기만 해도 5미터나 되었다. 살아 있는 구과를 구하기 위해 그는 서 있는 표본을 살펴보았다. "나무 위로 타고 오른다거나 도끼로 찍어 넘어뜨리는 것이 불가능했기 때문에 나는 총을 쏘아 맞혀서 구과를 떨어뜨리려고 했다. 그런데 내 총소리를 듣고 인디언 여덟 명이 달려왔는데, 모두 붉은 흙을 바르고 활, 화살, 뼈로 끝을 댄 창, 부싯돌 칼로 무장을 한 모습이었다." 더글러스가 자신에게 필요한 게 뭔지 차분하게 설명하자 원주민들은 당장 그가 구과를 채집할 수 있도록 도와주었다.

그가 더글러스퍼와 마주치는 장면은 그보다는 덜 드라마틱하지만 마찬가지로 인상적이다. 그는 이렇게 썼다. "대단히 키가 크고, 대체로 곧으며, 소나무과 전나무속 특유의 피라미드꼴을 하고 있다. 건조한 고지대나 자갈 섞인 부슬부슬한 땅이나 돌 많은 곳에서 무리를 지어 여기저기 흩어져 있거나 홀로 서 있기도 하는 이 나무는 넓게 뻗은 채 처진 가지를 가지고 있다. 그런 곳에서도 그 정도로 키운 어마어마한 몸집과 그러면서도 한결같이 단아한 모습은 자연에서 가장 돋보이면서 진정으로 우아한 것들 가운데 하나다." 숲속에 있는 나무들은 그보다 더 컸으나 제일 낮은 가지가 땅에서 42미터나 되는 높이에 있었기 때문에 타고 오른다는 것이 불가능했다. 그는 쓰러져 있는 표본을 재보았다. "길이가 69미터, 밑에서 1미터 되는 부분의 둘레가 14.6미터, 밑에서 48미터 되는 부분의 둘레가 2.2미터다." 그는 또 허드슨베이컴퍼니의 어느 건물 뒤편에 있는 그루터기를 살펴보고는 이렇게 기록했다. "땅에서 1미터 되는 부분의 둘레가 껍질을 빼놓고도 14.6미터나 된다. 이 나무는 이를테면 감자 같은 좀 더 유용한 작물을 기를 자리를 만들기 위해 불태워졌다."

1830년부터 1833년까지 진행된 그의 세 번째이자 마지막 여행에서 그는 포트 밴쿠버(지금의 미국 워싱턴주 밴쿠버)에 기지를 차렸다. 이 무렵 그의 시력은 상당히 더 나빠져 있었다. 그는 남들을 시켜 식물을 채집해오도록 했고, 그들을 따라 식물이 있는 곳으로 가곤 했다. 들쭉날쭉한 해안을 따라 주로 카누를 타고 다녔다. 2년을 머문 뒤 그는 시베리아를 거쳐 영국으로 돌아가기로 하고서 알래스카의 내수로를 향해 북쪽으로 떠났다. 채집한 모든 표본과 기록을 카누에 싣고서 길잡이 하나와 함께 떠난 것이다. 그들은 프레이저강에 도착했으나 그곳에서 카누가 뒤집히는 바람에 표본 400개를 잃어버렸고 목숨도 거의 잃을 뻔했다. 결국 그는 포트 밴쿠버로 돌아온 뒤, 하와이를 거쳐 집으로 안전하게 돌아오는 길을 택하기로 했다. 하와이에서 10개월간 머무르던 차에 좀 더 있기로 결정한 그는 1834년 7월 12일에 식물 채집을 하러 나선다. 그리고 돌아다니던 중 동물 덫에 걸려 넘어졌고 그 바람에 성난 야생 멧돼지의 엄니에 들이받혀 죽고 말았다. 당시 그의 나이는 35세였다. 당대의 학계에 알려진 9만 2천 종의 식물 가운데 더글러스가 발견하고 채집한 것만 7천 종이었다.

나무도 죽고, 숲도 사라져버리면

나무는 씨앗 생산을 극도로 많이 하고 나면 한 해 동안 약해져 있다. 탄수화물 비축량 가운데 워낙 많은 양을 씨앗에 쓰기 때문에 균근균적 협력을 한 나무 두세 그루가 같은 해에 씨앗을 최대한 생산해버리면 군락 전체가 고갈되고 만다. 그러면서 봄이 되어 새잎이 나오기도 전에 녹말 저장고가 바닥나버린다. 그해 여름에 과도한 햇빛, 지나친 수분 증발, 광합성을 저해하는 폭염을 동반한 가뭄이 찾아오면, 새잎이 얼마 돋아나지도 않고 새순도 느리게 자라고 옥신도 얼마 만들어지지 않으면서 문제가 더욱 악화된다. 그 뒤에 기나긴 겨울이 찾아와서 1주일 이상 기온이 영하 10도 이하로 떨어지게 되면 나무는 더 견딜 수 없을 정도로 약해진다. 단 하나의 어떤 적이 나무를 죽이는 게 아니다. 대신에 일련의 집중적이고 동시다발적인 스트레스가 여러 해에 걸쳐 여러 부분에 가해지면, 버텨낼 나무가 별로 없다.

멕시코 황제 막시밀리안이 암살된 해가 1867년이다. 같은 해에 러시아는 700만 달러에 알래스카를 미국에 판다. 카를 마르크스가 『자본론』을 발간한 해도 이때다. 가리발디가 주도하는 '빨간 셔츠' 의용대가 로마를

손에 넣으려 했다가 두 번째로 실패한 것도 이때다. 또 그해에 영국의 북아메리카법령으로 캐나다자치연방이 만들어졌다. 같은 시기 우리 더글러스퍼가 다양한 화학무기를 써서 방어했음에도 불구하고, 봄이 되어 잎이 무언가를 의미하는 오렌지색으로 변하는 것은 별로 놀랄 일이 아니다. 가장 효과적인 병해충 방지 독성물질은 꽃식물인 속씨식물들이 만들어낸다. 이들은 뿌리를 썩게 만드는 진균류와 잎을 떨어뜨리는 곤충들이 진화의 장에 등장한 다음에 진화를 이룬 신출내기다. 속씨식물은 진화의 과정에서 겉씨식물이 나타나고, 겉씨식물을 먹고 산 곤충과 진균류가 나타난 다음에 등장했다. 이들이 겉씨식물과의 경쟁에서 크게 앞설 수 있었던 것은 곤충과 진균류를 유인하기도 하고, 물리치기도(속씨식물은 적들이 하는 대로 내버려두기보다는 그들을 통제했다) 하는 2차 합성물을 만들어냈기 때문이다. 불행히도 여러 번의 스트레스가 겹치는 바람에 우리 나무의 면역체계가 극도로 약화되자 병균이 되는 곤충 및 진균류가 국경지대의 검문소를 무사통과한 뒤 수도를 점령해버렸다. 이제 우리의 더글러스퍼는 나름의 난징조약에 굴복하고 만다.

그 어느 나무도 늙어 죽지 않으며, 그 어떤 나무도 영원히 살지는 못한다.

나무의 생장을 제한하는 주된 요소는 질소다. 죽음은 장기화된 질소 결핍이다. 또한 질소는 곤충들이 구하는 것이기도 하며, 진균류가 가지고 있는 것이기도 하다. 그래서 나무가 곤충이나 진균류, 또는 둘 모두의 공격을 받을 때, 가장 원초적인 반응은 자신의 질소를 보호하는 것이다. 바늘잎이 오렌지색으로 변하면 나무는 그 병든 잎을 살리려는 일체의 노력을 포기하는 대신 질소를 구출하여 다른 부분, 즉 나무에서 아직 공격을 받지 않은 부분으로 대피시킨다. 이는 확실히 후방 방어 활동인데, 나무는 속에 살아 있는 세포가 하나라도 있는 한 끝까지 투쟁한다.

어느 순간에 이르면 잎 하나를 구하려는 노력은 불필요한 에너지 소모다. 묵은 잎은 떨어지고 얼마 되지 않는 새잎이 만들어진다. 곤충의 애벌레들은 새순을 마구 먹어치운다. 진균류는 적목질 속으로 퍼져서 뿌리까지 내려간다. 우리의 더글러스퍼가 동원하는 마지막 수단 중 하나는 진균류가 나무의 동맥을 막아버리기 전에 남아 있는 2차합성물, 즉 화학무기고를 뿌리로 보내서 균근균을 통해 바깥으로, 그리고 일부는 이미 자기 자손이 되어버린 이웃 나무들의 뿌리로 전달하는 것이다. 우리 나무는 드라마의 대미를 장식하는 죽음의 지점에 도달하면 남아 있는 화학무기를 모아다가 군락에 기증한다. 그럼으로써 자신이 속했던 군락에게 자신을 쓰러뜨린 침략자들을 물리칠 수 있는 유전적인 가능성을 좀 더 높여주는 것이다.

죽음은 나무의 생명 순환의 일부다.

나무는 살아 있는 부름켜를 죽은 적목질로 전환시키면서 자란다. 많은 유기체가 그와 비슷한 죽음과 삶의 순환을 보여준다. 이를테면 인간 태아의 사지싹에 있는 특정 세포들은 손발가락 사이의 움푹 들어간 자국이 되기 위해 죽으며, 올챙이 꼬리의 세포들은 변태하는 몸에 다시 흡수되기 위해 죽는다. 우리 나무의 생존전략은 2차합성물로 적목질의 기공을 막음으로써 썩지 않도록 하는 것이지만 이런 방법이 영원히 지속될 수는 없다. 곤충과 진균류는 나무의 그런 활동보다 더 빨리 진화하여 화학무기로 구축한 방어선을 뚫고 들어갈 방법을 마련한다. 세포벽은 구멍이 나면서 시스템이 붕괴되기 시작하고, 나이테는 진균류의 공격으로 자꾸 붉어지다가 젖은 펄프처럼 하나씩 분리된다. 가장 심각한 순간에도 나무의 10퍼센트 정도는 살아 있다. 죽음은 이 비율이 서서히 낮아진다는 것을 의미한다.

* * *

하지만 나무가 죽었다 해도 결코 그 생명이 다하는 것은 아니다. 동물이 마지막 숨을 내쉬었다거나, 심장 고동을 멈추었다거나, 뇌의 산소를 잃었다거나 하는 경우와 같이 명확히 규정할 만한 죽음의 순간이 나무에겐 없다. 우리의 더글러스퍼는 신진대사 활동을 모두 멈춘 뒤라 하더라도 바로 쓰러지지 않을 것이다. 고사목의 상태로 남는 것이다. 고사목의 속은 여기저기가 스펀지 같기도 하고 비어 있기도 하지만 바깥 둘레에는 멀쩡한 목질이 상당히 많다. 살아 있는 나무는 몸통 굵기의 10퍼센트만 멀쩡해도 쓰러지지 않는다. 줄기의 굵기가 3.5미터인 속 빈 나무라도 나무줄기 벽의 두께가 15센티미터만 되어도 멀쩡히 서 있을 수 있는 것이다. 고사목은 그보다 두께가 훨씬 더 얇아도 쓰러지지 않는다. 바람을 받는 잎이나 가지가 없기 때문이다. 폭풍이 몰아치면 고사목은 돛을 접은 배와 같다. 또 고사목은 그 자체가 여러 새나 곤충이나 다른 동물들의 안식처가 되어준다. 큰딱따구리는 고사목 줄기에 타원형의 커다란 구멍을 만든다. 이 새가 그런 구멍을 뚫는 게 개미를 찾기 위해서인지, 아니면 죽은 나무에 구멍을 뚫어놓으면 언젠가는 개미들이 몰려오는 걸 알기 때문인지는 확실치 않다. 그런 구멍들 가운데 일부에는 동고비들이 세 들어 둥지를 튼다. 다른 일부는 날다람쥐가 나무의 빈 속으로 들어가는 입구로 이용하는데, 그래서 쿠퍼매Cooper's hawk나 북미북부점박이올빼미Strix occidentalis caurina가 다음 먹이를 찾기 위해 가지가 부러진 부분을 횃대 삼아 쓰는 것이다.

북미북부점박이올빼미는 중간 크기의 올빼미로, 수컷은 길이가 보통 48센티미터이고, 암컷은 42센티미터다. 위쪽은 초콜릿빛 갈색이고, 아래쪽은 하얀빛인 이들은 머리와 목덜미, 날개에 하얀 점박이 무늬가 있다. 목 앞부분과 배 그리고 꼬리 밑부분에는 갈색의 줄무늬가 있다. 눈 주위는 언제나 잠이 모자라 그런 것처럼 짙은 고리무늬가 있다. 이들은 이주하지는 않고, 여름과 겨울의 먹이를 바꾸면서 노령림에서 계속 머무른다. 이들은 뱀, 귀뚜라미, 딱정벌레, 나방을 포함하여 포유류 30종과 조류 23종을 잡아먹고 사는 것으로 알려져 있다. 여름이면 이들은 일몰 직후부터 일출 30분 전까지 고사목에 앉아 있다가 송로버섯을 캐먹으러 땅으로 내려오는 날다람쥐를 잡아먹곤 한다. 겨울이면 눈밭에 과감히 나온 토끼를 덮치거나 나무의 가지나 수관의 거적을 자주 오가는 설치류를 잡아먹으며 산다. 이 올빼미들은 종종 먹이

생명의 기운이 잦아드는 더글러스퍼 고사목에
앉아 있는 대머리독수리.

의 목을 베어낸 다음에 속 빈 나무에 숨겨두기도 한다. 뇌에 영양분이 가득하기 때문이다.

고사목에 앉아 있다가 먹이를 잡아먹는 것 말고도 이 점박이올빼미들은 고사목에 둥지를 틀고서 나무구멍 속에 사는 먹이들을 뒤지기도 한다. 그 바람에 이 올빼미들은 침엽수 노령림에 거의 전적으로 의존해서 산다. 이들이 둥지를 트는 곳 가운데 95퍼센트는 200년이 넘은 숲이며, 나머지 5퍼센트는 노령림 곁에 붙어 자라는 2차림second-growth이다. 이들 한 가족의 영역은 대단히 넓은데 사냥감이 덜 풍부한 북부의 숲에서는 한 둥지를 틀고 사는 부부 한 쌍당 32제곱킬로미터 정도 된다. 이들은 벼락 맞은 나무나 가지 부러진 고사목의 빈 속에 둥지를 트거나, 때로는 딱따구리가 파낸 구멍이나 날다람쥐가 쓰다 비운 구멍에 보금자리를 만들기도 한다. 다람쥐들을 죽인 뒤 그들의 집을 차지한다. 이들은 또 북미북부참매Northern goshawk가 버린 둥지를 이용하거나 난쟁이겨우살이 덤불에 직접 둥지를 짓기도 하지만 집 짓는 데 재주가 있는 편은 아니다.

이 올빼미들은 몇 년이고 계속해서 같은 둥지를 쓰다가 무너져내린 다음에야 다른 곳을 찾는다. 암컷은 4월 초에 알 두세 개를 날마다 하나씩 낳아서 품고 부화하는 일을 혼자 맡으며, 수컷은 내내 먹이를 구해온다. 이 올빼미는 둥지에 기생하는 것들 말고는 적이 없다. 둥지를 방어하는(큰까마귀가 알을 훔치거나 참매가 새끼를 낚아채 갈 수 있어서) 일은 암수가 함께 맡는다. 어떤 올빼미들은 기생동물을 먹이고 큰까마귀나 참매를 쫓기 위해 뱀을 산 채로 잡아가기도 한다고 한다. 새끼들은 6주 동안 보금자리에서 자라다가 10월이 되면 각자 흩어져서 자기 영역을 찾으러 떠날 채비를 한다. 새 보금자리는 부모의 둥지로부터 200킬로미터나 떨어진 곳이 될 수도 있는데, 그래서 노령림 지대가 방대하게 연결되어 있느냐의 여부가 이런 올빼미들의 생존에 지대한 영향을 끼치는 것이다. 이들은 탁 트인 곳이나 불타버린 곳에서는 좀처럼 사냥을 하지 않기 때문에 선호하던 서식지가 줄어든 경우에만 하는 수 없이 어린 숲을 드나들게 된다. 그래서 한 살배기 점박이올빼미들 가운데 상당수는 첫해 겨울 동안에 굶어 죽고 만다.

1860년에 이 점박이올빼미를 처음으로 소개하고 명명한 이는 존 상투스 드베시**John Xantus de Vesey**였다. 그는 헝가리 출신 미국 이민자로, 1850년에 미군에 입대하여 남캘리포니아의 샌 루카스 곶에 배속되어 미국 서부 탐사와 지도 작업을 위임받아 수행했다. 또 드베시는

1856년에 문을 연 스미소니언박물관에 납품할 표본을 채집하는 일을 하면서 조수 관측 일을 하기도 했다. 당시에 점박이올빼미의 영역은 멕시코까지 닿아 있었다. 드베시는 이 새가 이상할 정도로 순하다는 사실을 알게 되었다. 그는 이 새들이 가까이 다가가도 놀라 달아나지 않는다고 기록했다. 이는 도도새나 큰바다쇠오리**Great auk**의 특징이기도 해서 불길하게 느껴졌다. 그가 세상에 최초로 점박이올빼미의 존재를 알릴 무렵, 이 종을 멸종시킬 세력이 이미 숲을 침범하고 있었다.

1970년대 중반까지 점박이올빼미들은 이전 서식지에서 멸종되다시피 했는데 이는 주로 인간이 행한 벌목으로 서식지가 사라졌기 때문이었다. 여기에 자연적인 원인도 한몫했는데 1988년에 큰불이 나면서 100제곱킬로미터에 달하는 노령림을 태웠다. 그 사이 1980년에는 세인트헬렌스산의 화산 폭발로 같은 면적의 숲이 사라졌고, 1987년의 세기적인 화재로 서식지 가운데 가장 훌륭한 땅 400제곱킬로미터가 파괴되었다. 이 당시에 미국 야생생물학자들은 남은 점박이올빼미 숫자가 몇백 마리밖에 되지 않는다고 추정했다. 그래서 목재시장에 꾸준히 나무가 공급되는 데 책임이 있는 미국 산림청에 점박이올빼미 서식지 주변의 노령림만은 보호하라고

끝을 모르는 인간의 필요가
숲속 모든 존재의 삶의 필수조건을 앗아가 버린다.

촉구했다. 이후 업계의 반발에도 불구하고 일부 지대는 벌목에서 제외되었으나 그 정도 수치(전체 벌목 대상 지대 가운데 4퍼센트 이하, 올빼미의 생존에 필요한 지대 가운데 절반 이하)로는 충분하지 않았다.

산업기술 때문에 증폭된 인간의 필요는 다른 종들의 필수조건과는 양립할 수 없는 모양이다. 점박이올빼미의 수가 그토록 줄어들어 버렸는데도 이 새들이 마지막으로 남아 있는 노령림에 대한 벌목은 계속되고 있다. 캐나다 브리티시컬럼비아에 있는 칠리왁공원에 면한 넓은 지역이 점박이올빼미의 서식지로 지정되었다. 그런데 이 중에서 50제곱킬로미터 면적의 더글러스퍼 노령림이 보호지역에서 제외되어 벌목이 빠르게 진행되고 있다. 현재 예측에 따르면 점박이올빼미는 이번 세기가 끝나기도 훨씬 전에 완전히 사라질 것이다. 점박이올빼미는 지표종**indicator species**[2]이기 때문에 그들이 멸종되는 순간 우리는 그들을 먹여 살려주던 노령림도, 또 다른 여러 종도 사실상 사라졌다는 사실을 알게 될 것이다.

---

2 특정한 환경 조건을 나타내는 생물. 제한된 환경 조건에서만 생존하는 생물을 통해 생존 장소의 환경 조건을 추측할 수 있다.

거대한 나무들을 향한 두 시선

1854년의 일이다. 전직 금광 광부였던 조지 게일이란 사람이 자이언트세쿼이어의 껍질을 벗겨 30미터 단위로 잘라서 P. T. 바넘P. T. Barnum에게 보냈다. 바넘은 이 나무껍질 조각들을 다시 꿰매어서 그의 '지상 최대의 쇼'에 전시했다. 동부 사람들은 이 세상에 그토록 큰 나무(밑둥치 굵기가 27미터나 되었다)가 있다는 사실을 믿으려 하지 않았다. 그것은 거의 당대의 킹콩이었던 셈이다. 샌프란시스코 동쪽에 있는 노스칼라베라스 숲에 서 있는 나무의 껍질을 벗긴 뒤 영국의 크리스털 궁전에서 전시했을 때도 비슷한 회의가 일었다. 역사가 사이먼 샤마Simon Schama는 『풍경과 기억Landscape and Memory』이란 자신의 책에서 사람들이 그런 나무들을 보고 거대한 기형 괴물로, 즉 '식물학적 괴기전'으로 여겼다고 썼다.

캘리포니아에서는 살아 있는 나무들이 비교적 긍정적인 관심을 끌었다. 말이 순례자이지 관광객이었던 사람들이 떼를 지어 노스칼라베라스 숲에 와서는 그곳에서 발견된 '거대한 나무들'의 자태를 보았다. 그 가운데 상당수는 베여나갔는데, 나무 한 그루에서 나오는 엄청난 목재 때문(다섯 사람이 한 조를 이루어 나무 하나를 쓰러뜨리고 재목으로 만드는 데 3주나 걸렸다)만이 아니라 쓰러진 나무들이 일종의 자연 놀이공원 역할을 하기도 했기 때문이다. 샤마는 "쓰러진 세쿼이어 나무줄기를 대패로 민 뒤 볼링 레인 두 개를 만들 수 있었고, 그루터기는 무도장으로 만들 수 있었다."라며 이렇게 덧붙였다. "1855년 7월 4일에는 32명이나 되는 사람들이 단 하나의 그루터기 위에서 네 조로 짜서 코티용 춤을 추었다."

이 거대한 나무들은 "국가의 규모와 영적 구원을 구현하는" 국가적 기념물이자 상징 같은 것이 되었다. 당시 미국이라는 국가는 해안에서부터 해안으로만이 아니라 미래에서부터 시간의 시작으로 뻗어 있는 나라라는 대륙적인 의식을 개발하고 있었다. 이 나무들은 현재와 가히 상상하기 힘든 과거를 이어주었다. 젊을 때 서부로 가면서 다른 젊은이들에게도 자신을 따르라 했던 언론인 호레이스 그릴리**Horace Greeley**는 이 거대한 나무들의 엄청난 나이에 감탄했다. 그는 이 나무들이 "다윗이 방주 앞에서 춤을 추었을 때, 테세우스가 아테네를 다스렸을 때, 아이네아스가 불에 탄 트로이에서 달아나던 시대"에도 살고 있던 존재였다고 썼다. 그보다 어린나무들은 성서시대에 자라던 것들이었다. 그들은 사실 그리스도와 동시대의 존재였던 것이다. 1869년에 보스턴에서 발간된 『데일리 애드버타이저』의 어느 서부 특파원은 이를 이렇게 서술했다. "이 얼마나 긴 세월의 존재들인가! (…) 이 나무는 그리스도 시대를 살던 나무다. 아마도 천사들이 동방의 베들레헴에서 빛나던 별을 보던 당시에 싹이 부드러운 흙을 헤치고 지상세계로 솟아올랐을 것이다."

이 나무들이 아메리칸드림의 회춘을 얼마나 강력하게 나타내었던지! 1864년 에이브러햄 링컨은 그런 꿈이 거의 사라질 뻔했던 남북전쟁을 치르는 와중에 존 뮤어의 강력한 권유에 따라 요세미티 그랜트 법안을 제정했다. 뮤어는 이 세쿼이어 숲을 '성스러운 것들 중에 성스러운 것'이라 표현했는데 이 법안은 광대한 노령림을 구했을 뿐 아니라 그런 지역을 벌목으로부터 보호할 필요성을 강조하기도 했다.

그보다 더 북쪽 지역인 우리 더글러스퍼가 고사목이 되어 서 있는 곳에서는 숲을 보호해준 미끼가 종교적인 것이기보다는 경제적인 것이었다. 더글러스퍼는 자이언트세쿼이어에 비하면 웅장함이 덜하고 잘 베이고 목질이 더 좋다. 1847년에 영국에서 행한 실험에 따르면 더글러스퍼로 만든 돛대는 영국 해군이 당시까지 사용하던 스트로브잣나무**White pine**나 발트해가문비나무**Baltic spruce**로 만든 것보다 품질이 좋았다. 당장 영국 해군본부가 길이 19미터에 굵기 50센티미터인 더글러스퍼 돛대 하나에 46파운드를, 길이 22.5미터에 굵기 58센티미터인 돛대에 100파운드를 지불하겠다고 하자 더글러스퍼 돛대 거래는 아편보다 더 짭짤한 사업이 되었다.

앨비언호의 선장 윌리엄 브로치William Brotchie는 환드퓨카해협으로 항해를 하여 뉴던지니스 앞에 닻을 내린 다음, 승무원들을 시켜 3천 파운드 상당의 돛대용 나무를 베어오게 했는데, 불운하게도 미국 땅이 아니라 캐나다 땅에서 베어 오도록 했다. 배와 화물이 미국 세관에 잡히자 브로치는 밴쿠버로 가서 원주민 일꾼들을 고용하여 돛대용 나무를 107그루 베어오게 했다. 하지만 배가 없었던 그는 목재를 쌓아둔 그대로 둬야 했다. 그러면서 브로치는 밴쿠버섬 항만장으로 취직했다. 그가 죽은 1859년에는 점점 더 많은 사업가가 더글러스퍼 목재의 가치를 제대로 알게 되었다. 그러자 1860년대에는 브리티시컬럼비아의 빅토리아뿐 아니라 영국, 호주, 라틴아메리카에서도 150만 세제곱미터 분량의 재목과 널빤지, 말뚝 그리고 3,500개의 돛이 배에 실려나갔다. 1887년 5월 23일에 조그만 제재도시로 번창하고 있던 밴쿠버로 미끄러져 들어온 캐나다태평양철도의 기차에 처음 탄 승객들은 길거리에 상록침엽수의 가지들이 커다란 아치를 이룬 모습을 보았다. 기원전의 한 축제 같아 보인 이 장관은 마치 나무의 신들의 노여움을 달래기 위한 것인 듯했다. 당시에 이 도시가 한눈에 들어오는 곳에서 보이는 운영 중인 제재소만 해도 62개나 되었다. 기차는 목재를 엄청나게 싣고 137시간이나 걸리는 몬트리올로 귀환했다.

결국은 우리가 하나임에도…

숲을 '나무들의 군락'으로 여기는 아이디어를 맨 처음 낸 사람은 러시아 지리학자 그레고리 페도로비치 모로조프Georgy Fedorovich Morozov였다. 그는 서구에서는 거의 전혀 알려지지 않았으나 현대 생태학을 창시한 인물이었다. 모로조프는 1867년 상트페테르부르크에서 태어났다. 그는 군대에 있는 동안 라트비아에 파견을 나갔는데, 그곳에서 올가 잔드로크Olga Zandrok란 젊은 혁명가와 사랑에 빠졌다. 그녀는 그에게 농업과학에 헌신하여 사람들을 이롭게 해주는 지식을 얻어보라고 강력하게 권했다. 그러자 모로조프는 임학을 선택했고, 상트페테르부르크로 돌아오자마자 잔드로프와 함께 대학에 등록하여 임학뿐 아니라 동물학과 해부학도 공부했다. 그는 한 유기체의 형태와 기능 사이의 상호관계에 관심이 많았다. 열렬한 다윈주의자였던 그는 자연을 복잡한 상호관계의 그물망으로 인식했으며 식물 종의 진화를 흙의 유형, 기후, 곤충, 식물 군락, 인간의 활동을 포함한 모든 영향에 따른 기능으로 보았다.

모로조프는 1896년에 독일과 스위스에서 산림관리를 공부한 뒤, 러시아로 돌아가 상트페테르부르크대학의 임학 교수가 되어 1917년까지 재직했다. 그의 가르침과 논문은 산림관리학을 식물학의 정규 분야로 확립시켰다. 1913년에 쓴 『식물 군집으로서의 숲**The Forest as a Plant Society**』에서 그는 숲이 "부분들 간에 일정한 상호관계가 있는 복잡한 단일 유기체이며, 다른 모든 유기체와 마찬가지로 일정한 안정성이 분명히 있다."라고 말했다. 그런 안정성이 인간의 목적이나 기후변화 때문에 바뀌거나 파괴되면 숲을 잃게 되며, 때로는 돌이킬 수 없는 지경에 이른다. 실제로 1891년에 그는 보로네슈 지역의 소나무 숲에 상당한 가뭄이 닥친 결과 일어난 엄청난 재난을 목격한 바 있다. 이는 숲뿐 아니라 인간을 포함하여 숲 군락을 이루는 여러 동물도 마찬가지다. 모로조프는 "숲은 나무들의 단순한 집적이 아니라 그 자체가 나무들로 이루어진 하나의 군집 또는 군락으로, 한 숲의 나무들은 서로에게 영향을 끼치며, 그럼으로써 나무만의 특성이 아닌 일련의 새로운 현상을 일으킨다."라고 믿었다. 그는 식물이 새로운 기후와 토양 조건에만 적응하는 것이 아니라 서로에게도 적응을 하며, 마찬가지로 자신을 둘러싼 특정한 동물이나 곤충, 새, 박테리아에게도 적응한다고 했다. 숲은 정교하고 섬세한 균형을 갖춘 카드의 집으로, 어느 카드 하나만 빼내도 온 구조가 그곳에 사는 우리 머리 위로 무너져내릴 것이라고 말했다. 1918년에 심각한 정신적 혼란을 겪은(그가 이렇게 기록을 남겼는데 아마 1917년에 일어난 10월 혁명을 탐탁치 않게 여겼다는 사실에 대한 완곡한 표현이었으리라) 모로조프는 직책에서 강제로 물러나 기후가 좀 더 온화한 크리미아로 이사를 갔다. 그리고 그곳에서 그는 러시아 숲이 급격히, 그리고 무분별하게 파괴되는 모습을 지켜보았다. 그로부터 2년 뒤에 숨을 거두었는데, 그의 나이 53세 때의 일이었다.

점박이올빼미에 관한 논쟁이 격렬했다는 점이 시사하는 바와 같이, 모로조프의 메시지(숲 군락의 어느 한 유기체를 억지로 뽑아내면 인간을 포함한 다른 모든 구성원들에게도 영향을 끼칠 수밖에 없다)는 북미 태평양 연안의 목재왕들의 귀에는 가닿지 못했다. 더글러스퍼는 이제 북미에서 가장 중요한 재목용 종으로, 해마다 수억 세제곱미터의 목재가 베여 실려나가고 있다. 점박이올빼미는 더글러스퍼 재목을 베어냄으로써 영향을 받는 종들 가운데 하나에 불과하다. 모로조프는 산림관리자로서 하향나선형downward spiral을 이해했다. 이는 개연성 있는 하나의 시나리오로, 노령림이 사라짐으로써 점박이올빼미 멸종당할 위기에 처하면 날다람쥐 숫자가 늘어날 수 있으며, 그에 따라 이 다람쥐의 주식인 송로버섯이 부족해질 수 있고, 그 때문에 새로 자라는 나무들에 있는 균근균의 양이 줄어들며, 그 결과 숲이 덜 건강하고 덜 경제적인 곳으로 변할 수 있다는 것이다. 그런 이유로 점박이올빼미는 숲 건강의 상징이라 할 수 있다. 따라서 이 올빼미에 대한 위협은 숲 생태계 전체에 대한 위협이다. 점박이올빼미를 멸종위기에 처한 생물종으로 선포할 것인지의 여부를 결정하기 위해 워싱턴야생생물위원회WDFW가 소집한 초기의 청문회에서 미국총기협회의 한 회원이 "이는 점박이올빼미 문제가 아니라 노령림 문제"라고 한 적이 있다. 그의 말은 반만 맞았다. 숲 생태계는 이것 아니면 저것의 문제가 아니다. 그것은 점박이올빼미의 문제이기도 하고, 노령림의 문제이기도 하다. 또한 인간의 문제이기도 하다. 그리고 지구의 문제다.

에드워드 오즈번 윌슨이 살펴본 바와 같이 "지난 반세기 동안의 숲 파괴는 지구 역사에서 가장 심각한 환경 변화 사례들 가운데 하나다." 이 파괴는 인류가 석기를 발명한 뒤부터 줄곧 있어온 문제다. 2천 년 전에 사실상 모든 땅덩어리는 숲이었다. 로마제국의 군단들은 켈트족 적들이 몰래 쳐들어오지 못하도록 프랑스 남부의 숲들을 다 베어버렸다. 1750년에 프랑스는 국토의 37퍼센트만이 숲이었는데, 당시까지 90년 동안 25만 제곱킬로미터의 숲이 파괴되었던 것이다. 1860년까지는 파괴된 면적이 33만 제곱킬로미터였고, 해마다 42만 제곱킬로미터의 숲이 늘어나는 추세를 보였다. 영국은 그보다 더 헐벗었다. 데이비드 더글러스가 입을 쩍 벌리고 더글러스퍼 숲속을 돌아다니던 무렵, 영국이라는 섬나라의 숲은 전체 면적의 5퍼센트도 되지 않았다. 이는 1인당 숲 면적이 40제곱미터도 되지 않는 정도였다. 영국의 유일한 에너지원은 엄청난 석탄 매장량뿐이었다. 물론 이것 자체가 먼 옛날 양치식물의 숲이 남긴 유물이긴 하다. 그에 비해 노르웨이는 당시에 국토의 66퍼센트가 숲이었다. 1인당 숲 면적을 따져보면 평균 10만 제곱미터나 되었다. 그에 반해 영국은 크리미아 못지 않게 숲을 거의 다 베어버린 상태였는데, 다 사라져버린 임업계를 되살려준 것이 북미에서 가져온 더글러스퍼 묘목으로 조성된 인공조림이었다.

벌목은 그 뒤로도 전 세계적으로 계속되어왔고, 최근 수십 년 동안에는 기하급수적으로 늘어났다. 유엔에 따르면 1980년(점박이올빼미를 위한 경종이 울렸을 때) 이후로 전 세계 숲은 해마다 1퍼센트의 비율로 줄어들고 있다. 북미 서부에 있는 더글러스퍼 온대림은 백인들이 오기 이전의 원래 숲의 20퍼센트도 되지 않는 수준이며, 남은 숲 가운데 대부분은 윌슨이 '섬 같은 서식지'라 부르는, 고립된 노령림 조각들로 이루어져 있다. 그런 고립지대들을 서로 이어주는 생태 통로는 없으며, 점박이올빼미 문제가 시사해주듯 각 고립지대 내의 생물다양성도 이미 감소하고 있는 현실이다. 윌슨은 한 생태계가 해당 구역의 90퍼센트를 잃어도 버틸 수 있으며, 그래도 생물다양성의 절반이 유지될 수 있다고 한다. 이는 잘 모르거나 편견을 가진 사람들이 들으면 '그래도 다 괜찮구나' 하는 생각이 들게 한다. 그런데 해당 구역의 90퍼센트 이상을 잃게 되면 "나머지의 절반이 단번에 멸절될 수 있다."라고 강조했다. 그리고 그런 심각한 수준을 넘어서는 일은 대단히 간단하다. 윌슨은 "악몽 같은 시나리오에 따르면 불도저와 기계톱으로 무장한 벌목꾼 부대들이 이런 서식지들을 불과 몇 개월 만에 지구상에서 완전히 쓸어버릴 수 있다."라고 말했다.

숲을 소유한 회사들 입장을 고려한다면, 더글러스퍼 노령림은 스스로를 파괴하기로 작정한 듯 보인다. 이런 숲은 다 끝장나버린 숲이 아니라 변천하고 있는 군락이다. 결국 고지대의 숲에 있는 더글러스퍼는 전부 너무 커서 더 이상 살 수 없게 되거나 곤충이나 진균류 때문에 죽은 뒤 숲 밑부분에서 착실하게 기다리고 있던 나무들에게 자리를 내줄 것이다. 즉 미솔송나무나 미삼나무가 자리를 이어받아서 극상림climax forest을 이룰 것이다. 숲을 이런 식으로 보다 보면 이런 질문을 할 만하다. '벌목꾼들이 이 거대한 나무들을 제거하여 이런 자연스러운 과정을 도와주는 것이 왜 나쁜가?' 이런 의문을 더 발전시켜보면 묵은 나무들을 새롭고 더 나은 더글러스퍼 묘목으로 대체할 수 있지 않느냐는 생각을 할 수 있다. 문제를 덜 일으키는 리그닌을 가졌고 더 빨리 자라도록, 그리고 일련의 해충과 질병에 더 잘 견디도록 유전자조작을 한 묘목 말이다. 생명공학자들과 임업계는 적어도 이런 꿈을 실제로 꾸고 있다.

점박이올빼미가 자연적인 서식지에서 자신의 영역을 미솔송나무와 미삼나무로 이루어진 극상림에 빼앗

기면, 올빼미는 다른 곳에 있는 더글러스퍼 노령림을 새로이 찾아 나설 수 있다. 하지만 이 올빼미의 섬 같은 서식지를 둘러싸고 있는 모든 나무가 베여나가면 올빼미가 갈 곳이 없어진다. 거대한 나무들을 인공조림한다고 해서 노령림이 만들어지는 건 아니다. 자연적인 극상림은 나무 묘목에서 고사목에 이르기까지 모든 연령의 나무들을 다 포용하며 숲 바닥에 쓰러져 있는 나무와 낙엽을 포함해 연어의 개체군과 그들의 모든 포식자를 다 먹여살린다. 인공적인 재조림reforestation은 단일경작을 하는 농장과도 같다. 생명다양성과는 정반대의 방법인 것이다. 1984년에 미국임학회가 행한 연구는 다음과 같은 인식을 얻어냈다. "노령림의 조건을 임학적으로 재생할 수 있다는 증거는 없다. 사실 이 문제는 본질적으로 해결될 수 없는 것이다. 결과를 알아보려면 200년 이상은 걸릴 것이기 때문이다."

하지만 점박이올빼미에게 200년이란 시간은 남아 있지 않다.

고사목으로 찾아온 유령

이제 고사목이 된 우리의 더글러스퍼는 쿠거cougar 한 마리가 좋아하는 휴식처가 되었다. 녀석은 나이가 꽤 든 수컷으로, 낮에는 주로 우리 나무의 밑둥치에서 졸고 있다. 그러다 늦은 오후가 되면 사냥을 하고, 저녁이면 개울가로 슬그머니 내려가 조용히 물을 마신다. 노령림의 성격상 포식자인 큰 포유류는 많지 않다. 흑곰과 회색곰은 드물 뿐더러 서로 멀리 떨어져 산다(성년 회색곰 수컷의 생활영역은 1,500제곱킬로미터가 넘는다). 그들보다 앞서 이곳에 정착했던 코스트살리시족 같은 사람들은 해안 가까운 곳에 살면서 육지 못지않게 바다에 의존하는 생활을 했다. 그러다 이 사람들의 정착지가 확대되면서 여성과 아이들도 남성들과 함께 다니게 되었다. 그러자 쿠거는 산에서 내려와서 정착민 가족들이 데려온 가축인 개나 고양이를 물어 채가곤 했다. 그리하여 사람들이 좀처럼 보지 못했던 강력한 포식동물이 어느 순간부터 갑자기 『베어울프』에 나오는 괴물 같은 밤손님이 되어버린 것이다.

쿠거는 고양이과 동물 가운데 큰 종류로, 수컷은 꼬리를 포함한 길이가 2.7미터에 이른다. 성년 수컷의 평균 체중은 80킬로그램 정도이며, 기록상으로 가장 무거운 쿠거는 1917년에 아리조나에서 잡힌 것으로 125킬로그램이나 되었다. 이들은 야행성이고, 겨울잠을 자지 않으며, 숲에서는 나무를 타고 다니며 사냥을 한다. 지역에 따라 산악사자mountain lion, 퓨마, 팬서panther, 산고양이catamount로도 알려진 이들은 나무의 낮은 가지에 앉아 기다리다가 밑에 지나가는 것이 있으면 재빨리 덮친다. 사슴이든 고라니든 인간이든 가리지 않으며, 송곳니로 공격 대상의 목을 깨물어 순식간에 죽여버린다. 탁 트인 지형에서는 먹잇감의 뒤를 슬금슬금 따라오다가 순간적으로 대단히 힘차게 돌진하여 상대를 어깨로 들이받아 쓰러뜨린다. 짝짓기 철(연중 어느 때든 가능하다)의 밤에 이들이 내는 고음의 울음소리는 독약을 먹고 천천히 죽어가는 여인이 내는 소리 같다. 이들은 상상도 할 수 없는 공포로 어둠에 활기를 불어넣으며 숲을 차지한다. 한때 쿠거 사냥으로 생계를 꾸렸던 캐나다 자연작가 로널드 더글러스 로렌스Ronald Douglas Lawrence는 이 동물을 유령처럼 걸어다니는 고스트워커ghost walker라 불렀다. 그는 이 동물이 대단히 진화한 사냥꾼이라고 묘사하며 "대체로 조용하고 조심스럽지만 사랑이나 분노를 나타내는 무시무시한 소리를 토해낼 때는 엄청나게 시끄럽다."라고 했다. 그러면서 이들이 숲을 조용히 거닐 때면 "나긋나긋하고 우아한, 속삭이는 듯한 소리를 내고 다니며 아마도 북미의 그 어떤 포식자보다도 더 조심스럽다."라고 했다.

암컷은 한배에 새끼 서너 마리를 낳는데, 대개는 봄에 낳지만 때로는 늦어서 8월에 낳기도 한다. 성년이 될 때까지 살아남는 새끼 두 마리는 어미와 함께 사는 2년 동안 사냥을 배운다. 이들은 만 세 살이 되면 짝짓기를 하는데, 암수가 1주일 정도 함께 여행을 다니며 짝짓기를 완성한다. 그러고 나면 둘은 떨어져서 각자의 영역을 구축하는데 면적이 800제곱킬로미터나 될 수도 있다. 그 규모와 위치는 사냥감의 수급이 들쭉날쭉함에 따라 철마다 달라진다. 성년 쿠거 한 마리가 한 해에 사슴만 한 유제동물**ungulate**을 60마리 정도 잡아먹기 때문에 그만한 먹잇감을 대줄 무리는 700마리 수준이 되어야 하며, 그래서 서식 영역이 대단히 넓은 것이다. 톰 림즌이 알아본 바에 따르면 자연에서 포식자는 먹잇감이 되는 종의 6퍼센트 이상은 절대 취하지 않는다고 한다. 하지만 인간은 연어, 사슴, 오리 같은 야생종들을 관리함으로써 80~90퍼센트를 취하고도 개체수를 유지하는 것이 가능하다고 여기는 점을 지적했다. 우리의 더글러스

쿠거는 자신의 배를 채우면 더 욕심내지 않는다.
생태계의 암묵적인 약속이자 자연의 섭리다.

퍼 주변이 그러하듯 사냥감이 풍부하면 이 고양이과 동물은 먹잇감의 간, 콩팥, 창자만 먹는다. 경우에 따라서는 사냥감의 목에 작은 구멍을 내고 피만 빨아먹기도 한다.

죽음 속의 생명

고사목이 된 지 62년이 된 우리의 더글러스퍼는 쿠거 말고도 여러 생물의 집이 되어준다. 딱따구리, 불꽃올빼미 flammulated owl, 날다람쥐, 줄무늬다람쥐, 점박이박쥐, 박새, 동고비 같은 동물들이 우리 나무의 신세를 진다. 진균류가 계속해서 나무 전체로 뻗어나감에 따라 뿌리는 죽은 나무줄기를 더 이상 지탱해주지 못하게 되었다. 우리 나무가 땅에 붙어 있는 것은 뿌리를 박고 있다기보다는 균형만 잡고 있는 셈이다. 1929년 가을, 지금은 인구가 많은 해안에서 불어온 폭풍이 우리의 더글러스퍼를 이리저리 뒤흔드는데, 마치 곧 빠질 이빨을 흔드는 혀와 같다. 비를 머금은 거센 바람이 산등성이를 넘어 밀려오자 살아 있는 나무들이 요동한다. 껍질 없는 우리 나무는 물기를 빨아들이는데 바람이 불어오는 쪽은 그보다 더하다. 잠시 뒤 자갈 섞인 흙이 나무의 깊은 뿌리다발에 붙어 있는 밑둥치에서 신음하듯 삐걱거리는 소리가 나기 시작한다. 우리의 더글러스퍼에 살던 거주자들은 대부분 빗속을 뚫고 더 튼튼한 고사목을 찾아 서둘러 떠난다. 며칠을 더 끄덕거리던 우리 나무는 이제는 균형을 되찾지 못하고 바람 속에 쓰러져버린다. 숲 바닥에서부터 30미터 높이에 있는 아래로 처진 이웃 나뭇가지들의 안내를 받은 듯, 이웃 나무들 사이로 무너지면서 가지들은 부러진다. 우리의 묵직한 나무는 어린 미솔송나무들이 쿠션처럼 낮게 받치고 있는 곳으로 마음 놓고 떨어지면서 그들 몇 그루를 함께 무너뜨린다.

아무도 거목의 쓰러지는 소리를 듣지 못했다.

쓰러지면서 가지 하나가 부러져 곁에 있는 개울에 떨어진다. 이 가지는 개울물을 타고 굽이굽이 흘러내리다가 물굽이가 급히 꺾이는 지점에서 개울둑에 걸린다. 여기서 가지는 잔모래에 살짝 묻혀, 송어의 피신처가 되어줄 뿐 아니라 다양한 곤충들의 먹이가 되어준다. 다른 가지들은 숲 바닥에 흩어지면서 질소가 풍부한 지의류를 흙에 보태준다.

우리의 더글러스퍼는 고사목이었던 터라 쓰러진다 해도 숲머리에 구멍을 내지는 않았다. 이제는 쓰러진 통나무가 되어 짙은 그늘에 드러누워 있다. 그러자 금세

이끼류와 진균류에 뒤덮이고, 태평양젖은통나무흰개미 **Pacific dampwood termite** 한 쌍이 찾아온다. 날개 달린 암컷은 비슷하게 날개 달린 수컷을 따라 쓰러진 나무 곁에 내려앉는다. 두 흰개미 모두 색이 연한 갈색이고 거의 반투명이며, 길이는 약 10밀리미터다. 숲속의 다른 곳에 있는 각자의 출신지에서부터 둘을 이곳으로 날라준 날개는 좀 더 짙은 갈색이고 시맥이 굵다. 이들은 내려앉으면서 날개를 떼어 내버리고는 쓰러져 있는 우리 나무의 옆 부분을 파서 얕은 방을 만든 뒤 안에서부터 봉해놓고 짝짓기를 한다.

2주 뒤, 암컷은 방에다 길쭉한 알 12개를 낳는다. 일부 아프리카 흰개미가 하루에 3만 개의 알을 낳는 것에 비하면 너무나 미미하지만 하나의 군체를 이루기에는 충분한 숫자다. 알에서 깨어난 어린것들은 자라나면서 생식을 주로 담당하는 암개미와 외적 방어를 주로 담당하는 병정개미의 두 계급으로 나뉜다. 이들은 군체에 필요한 온갖 일들을 다 하는데 일은 주로 고사목 전체에 복잡하게 얽힌 터널 망을 뚫는 것과 여왕개미와 왕개미에게 먹이를 갖다주는 것이다. 이듬해 봄이면 암개미들은 군체 안에서 외딴 곳에 알을 낳고, 여왕개미는 12개 단위의 알을 또 낳는데, 이 과정은 군체의 개체수가 4천 마리가 될 때까지 계속된다. 따라서 한 군체의 모든 구성원은 친척이며, 전반적으로 그보다 작은 가족 단위로 나누어져 있다. 병정개미들은 목수개미나 다른 종류의 흰개미가 군체 입구에 얼씬거리지 못하도록 한다. 이때 그들은 커다란 머리, 그리고 날이 선 튼튼한 큰턱을 이용하여 통로를 차단하며 엉뚱한 침입자가 있으면 허리를 끊어버린다.

흰개미는 인간 사회의 청소부와 비슷하다. 그들은 숲 바닥에 있는 썩어가는 통나무가 더 빨리 썩도록 도와줌으로써 양을 줄여주며, 그에 따라 흙의 양분이 더 빨리 늘어나도록 해준다. 흰개미는 통나무의 섬유질을 삼키긴 해도 소화시키지는 못한다. 그들은 배 속에 미생물들이 많이 들어 있는데 이 미생물들 가운데 일부가 섬유소를 분해하여 부산물을 만들어내며, 흰개미는 그 가운데 일부는 소화시키고 메탄가스 같은 나머지 부산물은 배출해버린다. 흰개미는 더 자라기 위해 질긴 외골격을 벗을 때 겉껍질뿐 아니라 소화관도 벗어 던져버리기 때문에 박테리아 공급량을 보충하기 위해서는 동료의 배설물을 먹어야 한다. 그들은 혀로 서로의 배설물을 핥아먹는다. 그러면서 상대방의 소화관에도 살고 있는 진균류의 홀씨를 섭취하며, 그 속에 공생하는 박테리아가 먹고살도록 돕는다. 흙 1제곱미터당 개체 수가 1만 마리나 되는 엄청난 군체를 만들어내는 열대에서는 흰개미가 땅에서 가장 우세한 유기체다. 이들의 바이오매스는 같은 지역에 있는 모든 척추동물의 수준을 능가한다. 북미의 태평양 연안에서는 흰개미가 그다지 우세하지는 않으나 중요한 역할을 한다. 숲 바닥에 쓰러진 나무 가운데 3분의 1가량이 흰개미의 활동을 통해 흙으로 되돌아가기 때문이다. 흰개미의 복잡한 굴이, 썩어가는 통나무의 부드러운 목질을 활용하기 위해 이주해온 식물의 진균류 홀씨와 뿌리를 위한 통로가 되어주는 것 또한 중요한 역할이다.

어린 묘목으로 돋아난 지 700년 뒤, 우리의 더글러스퍼는 축축한 숲 바닥에 누워 있다. 쓰러진 이 고목은 이제 밑에 있던 경쟁자들에게 가려지는 신세가 되었다. 그러면서 썩어가고 있다. 자연에서 죽음과 부패는 새 생명을 낳는다. 우리 나무의 목질은 젖은통나무흰개미와 목수개미, 진드기와 톡토기, 분해를 담당하는 진균류와 박테리아에게 침범당한다. 갑옷 같은 나무껍질은 곳곳에 구멍이 뚫린다. 햇빛은 좀처럼 그 위에 도달하지 않는다. 그렇게 사실상 서서히 거름이 되어가는 흙더미가 되어, 수백 년 동안은 땅 위에서 눈에 띄고 볼록한 부분으로 남는다. 이끼류와 고사리류로 된 두꺼운 외투를 걸친 우리 나무의 죽은 윤곽은 마치 담요를 덮어쓴 사람의 시신처럼 땅 위에 남는다. 9월의 어느 날, 날개 달린 씨앗들이 빛을 받아 반짝이며 그 위에 떨어진다. 일부는 아직도 숲 윗부분에 치솟아 있는 더글러스퍼 나무들에서 떨어진 것들이지만, 대부분은 미솔송나무의 씨앗일 것이다. 더글러스퍼의 씨앗은 우리 나무에 뿌리를 내리지 못할 것이다. 더글러스퍼의 씨앗은 100년 만에 한 번 있는 불이 나면서 숲 바닥이 깨끗해진 다음에 우리 나무가 처음 자리를 잡았던 자갈 많은 광물성 토양과 햇빛을 좋아하기 때문이다. 하지만 미솔송나무의 씨앗은 기름지고 그늘지고 유기성 토양에서 잘 자란다. 지금 우리 나무의 속이 바로 그런 토양이다. 봄이면 어린 미솔송나무의 실 같은 뿌리들이 흰개미와 목수개미의 굴을 따라 밑으로 뻗어서 우리 나무의 줄기 속으로 파고들 것이다. 뿌리들은 그곳에서 흰개미의 등을 타고 옮겨 온 균근균과 마주칠 것이며, 무럭무럭 자랄 것이다. 그러면서 우리의 더글러스퍼는 경쟁 종을 길러주는 존재가 될 것이다. 마침내 새로 자라는 나무들의 드러난 뿌리는 이 길러주는 존재를 타고 땅속으로 들어가리라. 우리 나무가 완전히 분해되어 흙으로 변할 때쯤이면 숲속에 미솔송나무들이 거

우리의 더글러스퍼는 홀로서는 법을 알았다.
또 함께 사는 법도 알았다.

의 일직선으로 길게 뻗은 채 자라고 있을 것이다. 각 나무는 자신들의 뿌리와 우리 더글러스퍼의 유해로 이루어진 흙무더기에 자리를 잡고 살아갈 것이다. 이 흙무더기는 이내 돌 부스러기, 오래된 덩굴단풍나무의 낙엽, 더글러스다람쥐의 똥더미로 덮일 것이다. 또 톡토기를 노리는 붉은등도롱뇽이 거처로 삼을 칼고사리도 함께 사는 곳이 될 것이다.

* * *

울창한 숲속을 두 사람이 걸어간다. 길게 줄지어 서서 자라는 미송나무를 본다. 둘 중 한 사람이 한때 그 자리에 다른 생물을 길러주던, 어느 쓰러진 통나무가 분명 있었다는 사실을 알아차린다. 하지만 그 나무가 한때는 거대한 더글러스퍼였다는 사실을, 에드워드 1세가 영국의 왕이 되던 해에 태어나 월스트리트의 주가 대폭락이 있던 해에 쓰러진 거목이었다는 사실을 그들은 모르리라. 그렇다 해도 대지와의 알 수 없는 일체감을 느낀다. 두 사람은 그 일체감을 안고 집으로 돌아갈 것이며, 그 느낌은 그들을 계속 살아가게 할 것이다.

감사의 글

한 권의 책은 숲속의 한 그루 나무와 같다. 주변의 다른 여러 존재와 함께, 그리고 그 존재 때문에 있을 수 있다는 점에서 그렇다.

더글러스퍼를 연구하여 이 나무의 놀라운 능력을 밝혀준 여러 생물학자와 연구자들에게 고마운 마음을 전한다. 원고를 어서 끝마치도록 열성적이고도 거침없이 다그쳐준 출판사에도 감사하는 마음이다. 또 원고를 꼼꼼히 읽고서 탁월한 길잡이를 해주었고, 훌륭한 교정으로 덕분에 저자가 덜 무안해지도록 해주었다. 이 책을 위한 연구자료를 모으는, 대단한 일을 해준 이에게도 고맙다는 말을 전한다. 책의 집필에 많은 동료가 여러모로 도와주었다. 무엇보다 로버트 베이트먼의 놀라운 그림을 이 책에 싣게 되어 영광이다.

참고문헌

베르트 횔도블러 · 에드워드 윌슨, 『개미 세계 여행』, 이병훈 옮김, 범양사, 2015.

애드리언 포사이스, 『성의 자연사』, 진선미 옮김, 양문, 2009.

에드워드 윌슨, 『바이오필리아』, 안소연 옮김, 사이언스북스, 2010.

에드워드 윌슨, 『통섭』, 최재천 · 장대익 옮김, 사이언스북스, 2005.

조지 마시, 『인간과 자연』, 홍금수 옮김, 한길사, 2008.

존 뮤어, 『야생의 땅』, 김수진 옮김, 디자인이음, 2023.

페터 볼레벤, 『나무수업』, 장혜경 옮김, 위즈덤하우스, 2016.

Allen, George S., and John N. Owens. *The Life History of Douglas Fir.* Ottawa: Environment Canada Forestry Service, 1972.

Altman, Nathaniel. *Sacred Trees.* San Francisco: Sierra Club Books, 1994.

Aubry, Keith B., et al., eds. *Wildlife and Vegetation of Unmanaged DouglasFir Forests.* Portland: United States Department of Agriculture, Forest Service, 1991.

Bonnicksen, Thomas M. *America's Ancient Forests: From the Ice Age to the Age of Discovery.* New York: John Wiley and Sons, 2000.

Brodd, Irwin M., Sylvia Duran Sharnoff, and Stephen Sharnoff. *Lichens of North America.* New Haven, CT: Yale University

Press, 2001.

Clark, Lewis J. *Wild Flowers of the Pacific Northwest.* Madeira Park, BC: Harbour Publishing, 1998.

Drengson, Alan Rike, and Duncan MacDonald Taylor, eds. *Ecoforestry: The Art and Science of Sustainable Forest Use.* Gabriola Island, BC: New Society Publishers, 1997.

Ervin, Keith. *Fragile Majesty: The Battle for North America's Last Great Forest.* Seattle: Mountaineers, 1989.

Fowles, John, and Frank Horvat. *The Tree.* Don Mills, ON: Collins Publishers, 1979.

Heinrich, Bernd. *The Trees in My Forest.* New York: HarperCollins Publishers, 1997.

Huxley, Anthony. *Plant and Planet.* London: Allen Lane, 1974. New enlarged edition, Harmondsworth: Penguin Books, 1987.

Kendrick, Bryce. *The Fifth Kingdom.* 3rd ed. Newburyport, MA: Focus Publishing, 2001.

Lawrence, R.D. *A Shriek in the Forest Night: Wilderness Encounters.* Toronto: Stoddart Publishing Co., 1996.

Luoma, John R. *The Hidden Forest: The Biography of an Ecosystem.* New York: Henry Holt and Company, 1999.

Maser, Chris. *Forest Primeval: The Natural History of an Ancient Forest.* Toronto: Stoddart Publishing Co., 1989.

Maser, Chris. *The Redesigned Forest.* Toronto: Stoddart Publishing Co., 1990.

Pakenham, Thomas. *Meetings with Remarkable Trees.* London: Weidenfeld and Nicolson, 1996.

Platt, Rutherford. *The Great American Forest.* Englewood Cliffs, NJ: PrenticeHall, 1965.

Savage, Candace. *Bird Brains: The Intelligence of Crows, Ravens, Magpies and Jays.* Vancouver: Greystone Books, 1995.

Schama, Simon. *Landscape and Memory.* New York: Alfred A. Knopf, 1995.

Taylor, Thomas M.C. *Pacific Northwest Ferns and Their Allies.* Toronto: University of Toronto Press, 1970.

Thomas, Peter. *Trees: Their Natural History.* Cambridge: Cambridge University Press, 2000.

Wilson, Brayton F. *The Growing Tree.* Amherst: University of Massachusetts Press, 1971, 1984.

Wilson, Edward O. *The Future of Life.* New York: Alfred A. Knopf, 2002.

Woods, S.E. Jr. *The Squirrels of Canada.* Ottawa: National Museum of Sciences, 1980.

그린이 **로버트 베이트먼**Robert Bateman

캐나다 토론토에서 자라던 어린시절부터 자연을 사랑했다. 당시 베이트먼은 집 뒤 골짜기에 있는 많은 종류의 생물을 관찰하고 그리면서 평생에 걸친 자연주의자로서의 삶을 시작했다. 세계적으로 명성이 있는 화가이자 환경운동가이기도 한 그는 『산처럼 생각하기』, 『라이프 스케치**Life Sketches**』 등 다수의 책을 펴냈다.

옮긴이 **이한중**

연세대학교 경영학과를 졸업했으며 전문번역가로 활동하고 있다. 옮긴 책으로는 『나는 왜 쓰는가』, 『위건 부두로 가는길』, 『리아의 나라』, 『울지 않는 늑대』, 『인간 없는 세상』, 『온 삶을 먹다』, 『글쓰기 생각쓰기』 등이 있다.

모든 존재의 유의미함, 무해함 그리고 삶에 대하여
나무: 삶과 죽음의 이야기

초판 1쇄 인쇄 2024년 2월 23일
초판 1쇄 발행 2024년 3월 1일

지은이 데이비드 스즈키 · 웨인 그레이디
그린이 로버트 베이트먼 | 옮긴이 이한중
편집 김민혜 | 디자인 studio bear

펴낸곳 더 와이즈
출판등록 2023년 6월 12일 제2023-000050호
주소 서울시 관악구 신원로 3길 40
전화 02-854-8165 | 팩스 02-854-8166
이메일 thewise.book.press@gmail.com
네이버 · 인스타그램 @thewise_books

ISBN 979-11-984647-2-9 (03470)

『나무: 삶과 죽음의 이야기』를 함께 만들어주신 분들

강나영
강지원
권기현
권은정
김도연
김동수
김미성
김사랑
김성은
김소연
김아연
김연옥
김연주
김영옥
김용규
김용태
김은성
김정필
김정희
김칠선
김태훈
박길섭
반석(문형록)
신진욱
양희재
우규호
유미영
유윤서
윤덕중
윤수현
윤정희
이경원
이연화
이예빠
이한별
이현지
이현희
임종서
장석전
정수민
조연희
지윤지
최동민
최승민
허경호
허숙행
허일

Tree

A Life Story